绍兴杨梅

高效栽培技术

王　剑　马国江　钱　英　主编

中国农业科学技术出版社

图书在版编目（CIP）数据

绍兴杨梅高效栽培技术 / 王剑，马国江，钱英主编 . 北京：中国农业科学技术出版社，2024. 10. -- ISBN 978-7-5116-7144-8

Ⅰ . S667.6

中国国家版本馆 CIP 数据核字第 2024TP4150 号

责任编辑　闫庆健
责任校对　王　彦
责任印制　姜义伟　王思文

出 版 者　中国农业科学技术出版社
　　　　　北京市中关村南大街 12 号　邮编：100081
电　　话　（010）82106632（编辑室）（010）82106624（发行部）
　　　　　（010）82109709（读者服务部）
网　　址　https://castp.caas.cn
经 销 者　各地新华书店
印 刷 者　北京地大彩印有限公司
开　　本　140 mm×203 mm　1/32
印　　张　4.5
字　　数　150 千字
版　　次　2024 年 10 月第 1 版　2024 年 10 月第 1 次印刷
定　　价　60.00 元

《绍兴杨梅高效栽培技术》

编委会

主　　编：王　剑　马国江　钱　英

副 主 编：黄　成　沈银凤　徐菁菁　姚佳骏
金　英　莫无忌　黄　磊　褚剑峰
邢　海　梁秀华　李腊梅　王孙杰

编写人员：王　剑　马国江　钱　英　黄　成
沈银凤　徐菁菁　姚佳骏　金　英
莫无忌　黄　磊　褚剑峰　邢　海
梁秀华　李腊梅　王孙杰　葛王克
成　振　任建杰　任军凯　唐　影
毛文婷　陈思磊　张沁怡　沈亦知

前 言

在乡村振兴的伟大征程中，农业技术创新与普及是推动现代农业发展、提升农民技能水平、实现农业增效与农民增收的关键一环。杨梅作为绍兴特色优势农产品之一，不仅承载着农业文化的深厚底蕴，更是农民增收致富的重要途径。

随着现代农业技术的快速发展，传统农业种植模式已难以满足当前市场对农产品品质、产量及安全性的高要求。杨梅作为绍兴市特色水果产业的重要组成部分，其种植管理技术的提升对于促进产业转型升级、增强市场竞争力具有重要意义。然而，当前部分农民在杨梅种植过程中仍面临诸多技术问题，包括土壤管理不当、施肥不科学、整形修剪不合理等，严重影响了杨梅产量和品质的进一步提升。因此，编撰一本专门针对杨梅种植管理的实用技术培训手册，对于提高农民技能水平、促进杨梅产业健康发展具有重要意义。

《绍兴杨梅高效栽培技术》贴近绍兴杨梅生产实际，以实用型技术为核心，注重理论与实践相结合，力求做到通俗易懂、便于操作。手册内容涵盖杨梅种植管理的各个方面，包括土壤管理、施肥技术、整形修剪、花果管理、病虫害防治以及采收保鲜等关键环节。

在土壤管理方面，手册详细介绍了杨梅适宜的土壤类型、pH值调节方法以及土壤肥力提升措施，帮助农民朋友了解如何改善土壤条件，为杨梅生长创造良好的根际环境。

施肥技术部分则针对杨梅不同生长阶段的需求，提供了科学合理的施肥方案和建议用量，旨在通过精准施肥提高肥料利用率，减少土壤面源污染。

整形修剪是杨梅种植管理中的一项重要技术措施。手册详细阐述了杨梅枝条类型、整形修剪原则和依据以及主要修剪方法等内容，通过图文并茂的方式展示了不同树形的培养过程和修剪技巧，帮助农民朋友掌握科学合理的整形修剪方法，促进树体结构合理、通风透光良好、结果部位分布均匀。

花果管理直接关系到杨梅的产量和品质。手册从授粉方法、疏花疏果技巧、减轻落果措施以及分级包装方法等方面入手，为农民朋友提供了全面细致的技术指导。通过科学合理的花果管理措施，可以有效提高杨梅的坐果率和果实品质。

病虫害防治是杨梅种植过程中不可忽视的重要环节。手册结合绍兴市杨梅病虫害发生特点，介绍了常见病虫害的识别方法、发生规律及防治措施，强调预防为主、综合防治的原则，帮助农民朋友树立科学的病虫害防治观念，减少农药使用量，保护生态环境。

此外，手册还涵盖了杨梅采收保鲜及加工技术等内容，为农民朋友提供了从田间到餐桌的全链条技术指导服务。通过掌握科学的采收保鲜及加工技术，可以延长杨梅的贮藏期和销售期，提高产品附加值和市场竞争力。

《绍兴杨梅高效栽培技术》的出版是绍兴市农业技术推广工作的一项重要成果，也是推动杨梅产业转型升级、促进农民增收致富的有力举措。衷心希望这本手册能够成为广大农民朋友学习杨梅种植管理技术的良师益友，为绍兴杨梅产业的持续健康发展贡献一份力量。同时也期待未来能有更多实用的农业技术成果涌现出来，为广大农民朋友提供更多更好的技术支持和服务。

编　者

2024年8月

目 录

第1章 概述

一、杨梅的生长、结果习性

（一）生物学特性

杨梅作为亚热带耐寒性常绿果树，是我国南方的特色水果之一。杨梅的主要生长特点如下：

1. 喜光性强　杨梅属喜光性强的植物，叶片、枝条和果实对光照均较敏感，在光照充足的环境中，杨梅树体生长旺盛，叶片浓绿，果实饱满多汁，品质优良，产量较大。相反，光照不足会导致杨梅树体生长缓慢，叶片发黄，果实发育不良，产量下降。针对这一点，栽培管理中要注意对树形的修剪调控，减少中心枝条的密度，增加树冠外围的光照面积，保持树冠的透光性，能确保杨梅树体充分利用光照条件生长和结果。

2. 根系较浅　杨梅的根系在土壤中分布较浅，属于浅根性根系。大部分根系分布在 0 ～ 60 cm 的土层，只有少数根系深达 1 m 以上。杨梅的主根相对不明显，侧根和须根较为发达。根系的生长活动开始于 2 月下旬，3 月上旬新根开始露白并进入旺盛生长期。一年中，杨梅根系生长有 3 个高峰期，分别为 5 月中下旬、7 月中旬和 10 月上旬，与地上部枝叶生长高峰期接近。杨梅具菌根，菌根呈瘤状突起，肉质，呈灰黄色，大小不一，分布无规律（图 1 至图 3）。

图 1　杨梅根系瘤状突起现象

图 2　杨梅肉质根

图 3　杨梅根系坏死现象

3. 生长迅速　杨梅树体生长迅速，一年抽梢 3 ～ 4 次，即春梢 1 次、夏梢 1 次、秋梢 1 ～ 2 次。其中春梢一般抽生于上年生而今年未结果的春梢或夏梢上，夏梢多在当年的春梢和采果后的结果枝上抽生，少数在上年生枝上抽生，秋梢大部分于当年的春梢与夏梢上抽生。该特征是杨梅丰产性良好的有力保障，但也容易导致树体徒长和郁闭。如果任其自然生长，会造成结果枝部位外移，甚至造成树势衰退。

4. 雌雄异株，花芽形成容易　杨梅花小，单性，雌雄异株，为风媒花。其中雄花为柔荑花序，一个雄花枝上一般有 10 ～ 20 个雄花穗，每个雄花穗由 15 ～ 36 个小雄花序组成，雌花的结果枝一般有 6 ～ 9 个花穗。杨梅的雄花和雌花开花时间有显著差异，雄花先于雌花开放约 10 天，这种时间差异有助于确保杨梅的雌雄花能够同步盛开，从而进行有效授粉、受精。杨梅的花芽分化主要在 8 月上旬至 10 月下旬进行，其中花芽比叶芽早萌发约 15 天。整个过程受光照、温度、水分和营养等多种因素影响，因此，在适宜的生长条件下，杨梅的花芽容易形成并正常发育（图 4）。

图 4　杨梅的雌花与雄花

5. 结果性良好 杨梅结果枝以前一年发育充实的春、夏梢为主。枝条类型包括短果枝（5 cm 以下）、中果枝（5 ～ 15 cm）、长果枝（15 ～ 30 cm）和徒长枝（30 cm），其中，中果枝除顶芽为叶芽外，其下 10 余节几乎全部为花芽，是最佳的结果枝，其数量决定第二年的产量。长果枝枝细，先端 5 ～ 6 芽为花芽，不够充实，坐果率较低。徒长枝先端着生少数花芽，仅少数结果，开花后多数落花，坐果率极低。

6. 成熟期较短，果实形状良好 露地栽培的杨梅成熟期主要集中在 6 月中旬至 7 月上旬，不同品种的成熟时间略有差异，设施栽培较露地栽培提前 20 天左右成熟。杨梅的果实一般呈圆形、扁圆形或圆头形。单果重一般在 12 ～ 17 g，果色艳丽，有洋红色、紫红色和白色等多种颜色。杨梅的果肉多汁，口感柔软，味甜或酸甜可口，含可溶性固形物较高，可食率较高，品质优良。

（二）对环境的要求

1. 温度 杨梅属于常绿果树，喜温暖气候，较耐寒、耐旱，适应性较强。年平均温度达 15 ～ 20℃，即能满足杨梅正常生长和结果的基本条件。杨梅对低温有一定的耐受能力，但冬季最低温度不应低于 -9℃，否则易发生冻害。杨梅虽喜温暖，但怕高温，不耐酷热。过高的温度会引起树皮发生日焦，导致大枝干枯死。特别是刚种下的幼树，因根系浅、少，更不耐高温干旱。在开花期，气温应在 5℃以上，以保证良好的开花和受精，若气温低于 2℃，则会影响开花受精，甚至导致落花严重。在幼果期，气温同样应在 15 ～ 25℃，若气温高于 35℃，会形成大量落果，同时导致果实糖度减少、酸度增多，品质下降。在花芽分化期，杨梅适宜的温度为 20 ～ 25℃，这样的温度条件有利于花芽的正常分化和发育。

2. 光照 杨梅是喜阳性植物，对光照的需求较高。一般来说，杨梅需要每天 6 ～ 8 小时的直射阳光，以保证充足的光合作用和植物生长。充足的光照可以促进杨梅的光合作用和养分吸收，有利于增加产量和提高果实的糖度和色泽。如果光照不足，会导致枝条徒长，花芽分化不良，果实着色不良，可溶性固形物含量下降。因此，一般要求树冠内膛与下部相对光照在 40% ～ 50%，以确保叶片正常进行光合作用。同等栽培条件下，树冠外围果实光照好，着色佳、风味口感好，而内膛恰恰相反。

3. 水分 杨梅好湿耐阴，要求水分充足，年降水量需要在 1300 mm 以上。杨梅树体对水分反应较为敏感，因根系呼吸旺盛，耐水性不佳，排水不良会导致根系早衰、叶薄色淡，连续 48 小时受淹会造成树体死亡。反之，若水分不足根系会生长滞缓甚至停止生长，地上部也会出现萎蔫现象。其中，春梢生长、果实膨大和花分化期对水分要求最为敏感。在春梢生长、果实膨大期，水分充沛有利于新梢生长健旺，果实肥大，肉柱顶端多呈圆钝，果肉柔软多汁；反之，水分不足会使新梢生长缓慢，果形变小，肉柱形尖，汁少味劣。在花芽分化期，水分供应充足有利于促发新梢，增加叶面积指数，增强光合作用，从而保证营养物质的积累和花芽分化，为第二年开花结果打下良好的基础。

根据杨梅对水分的要求，在农事管理过程中，尤其是灌溉时应该勤浇、少浇，避免一次性大量浇水灌溉，否则会导致土壤水分含量过高，容易滋生病菌。雨季来临时应做好园区内的排水防涝工作，避免雨水大量堆积，确保杨梅生长环境的适宜湿度。设施栽培条件下同样应注意棚内水分调控，一般来说，在开花前相对湿度应控制在80%左右，开花期应降至65%～70%，幼果期应保持在70%～80%，成熟期则降至65%～75%。

4. 土壤　杨梅适宜生长在砂质土、壤土和沙壤土中，这些土壤类型通透性好，有利于杨梅根系的生长和发育。杨梅喜偏酸性土壤，pH值要求在5.5～7.0，最适pH值为5.5～6.0。土壤pH值过低或过高，会影响杨梅根系对营养的吸收，进而影响植株的生长发育。杨梅生长的土壤应具备中等至高等肥力，肥力越好，杨梅的生长、果实的产量和质量也会相应增加。

杨梅根系对土壤含氧量较为敏感，含氧量在10%～15%时，地上部正常生长，若含氧量低于5%则根系生长不良，新梢生长受到抑制。通过深翻土壤、中耕除草、生草刈割覆园等技术措施，能有效保持土壤中的氧气含量。

二、绍兴市杨梅产业现状及发展趋势

（一）杨梅产业现状

1. 种植及分布　近年来，绍兴市杨梅种植面积稳定在

3000 hm^2，产量保持在 1.6 万 t 左右，产值接近 2 亿元，种植面积仅次于桃，为全市第二大水果品种。主要栽培品种包括深红种、荸荠种、水晶种、东魁、碳梅，其中深红种占比超 70%。种植区域主要集中在上虞驿亭镇、丰惠镇，柯桥区湖塘街道，诸暨市店口镇、大唐街道等。

2. 政策支撑　政府有关部门围绕乡村产业振兴和“土特产”培育发展要求，优化产业布局、加快创新引领、提升综合效益，积极构建绿色生态、创新驱动、融合发展的产业发展体系。编制《绍兴市乡村特色产业发展规划》，打造“三民生、三标志、三特色”的乡村特色产业体系，加快发展水果等三大精品产业，打造二都杨梅、湖塘杨梅等特色产业集群，建成省级精品果园 18 个，市级美丽果园 20 个。强化政策有效供给，连续出台了《关于加快推动“三农”高质量发展的若干政策实施细则》，对规模水果经营主体，在新购置特色农机上给予资金补助。

3. 生产技术与宜机化改造　开展杨梅大棚设施标准化技术研究示范，围绕大棚设施模式、温湿度调控和园地、树形、花果、肥水、病虫防控等配套技术开展研究，形成杨梅设施栽培标准技术。建立设施栽培示范点、示范区 11 个，面积约 71.3 hm^2，大力发展智能化大棚设施，建设拱顶结构、棚顶全开型等先进设施大棚，配备电动卷膜、温湿度智能控制等精准管理设备，提高杨梅优质高效生产能力（图 5）。

图 5　杨梅山地轨道运输车

4. 质量安全　健全杨梅质量管理数字化可追溯体系，加强质量源头管控，在生产、销售等环节落实有效管控措施，及时开展杨梅质量安全隐患排查和专项监测，2023 年全市已完成市县两级定量抽检杨梅超 60 批次，省级例行抽检合格率达 100%，乡镇定性检测 220 批次，合格率为 100%。普及杨梅质量安全管理知识，提高果农的质量安全意识。支持推广杨梅健康栽培技术模式和标准化绿色防控技术，制定、发布杨梅生产用肥、用药指南，引导果农科学用药、用肥，促进杨梅质量安全、品质提升（图 6）。

图 6　杨梅产地质量安全抽检

5. 采后加工　推动建设产地预冷、分选包装、仓储保鲜、冷链物流等设施，加强采后商品化处理与贮运技术的研究与集成，采用物理、化学手段精准调控微环境，延长果品贮藏期和货架期。加快杨梅精深加工技术研究，开发果汁、果酒、果脯等高档加工产品，引导应用生物发酵、高效提取等先进技术，加快杨梅资源高值化利用，推进杨梅全产业链发展。2024 年，绍兴虞之梦食品有限公司首条规模化杨梅汁标准化自动流水线正式投产（图 7），通过引进速冻粉碎、冷榨灭菌、多级过滤、自然发酵、无尘蒸馏等多种生产需求设备，推动果汁、果酒、果粉终端产品生产，开发适应主流消费需求的休闲果制品和适合特殊群体的健康食品，满足不同消费者的需求。

图 7　上虞区首条规模化杨梅汁标准化自动流水线

6. 一、二、三产融合　整合品牌资源，大力宣传推介杨梅地理标志产品和省级名优“土特产”，重点打造一批杨梅区域公用品牌，构建“区域公用品牌 + 企业品牌 + 产品品牌”的品牌矩阵。2024 年，上虞区启动第十八届二都杨梅文化旅游活动周，加速推进果旅融合，着力培育产业新模式新业态，进一步擦亮二都杨梅“金名片”。推动主产区建设改造杨梅交易市场，合理布局品牌直销店（旗舰店），形成产销直达的销售网络。鼓励发展电子商务、直播带货、短视频营销等，构建杨梅营销新业态（图 8）。

图 8　悄然兴起的杨梅直播带货

（二）杨梅产业发展趋势

1. 产业链优化与整合　杨梅产业链涉及从种植、采摘、加工到销售等多个环节，未来的发展趋势将是产业链的进一步优化和整合。一方面，通过科学管理和技术创新，提高杨梅的产量和品质。例如，采用矮化树体、营养调控、设施栽培和绿色防控等现代种植技术，不仅可以提高杨梅的产量，还能显著改善其品质。另一方面，加强产业链各环节的协同合作，形成从种植到销售的完整产业链。杨梅的深加工环节将得到更多关注，如杨梅干、杨梅酒、杨梅酱、杨梅汁等多种产品的生产，将进一步提升杨梅的附加值和市场竞争力。

2. 市场需求持续增长　随着人们生活水平的提高和对健康食品需求的增加，杨梅的市场需求将持续增长。杨梅不仅可以直接食用，还具有很高的药用价值和保健功能（图 9），因此受到越来越多消费者的青睐。特别是在一些大城市，杨梅的销售量呈现出稳定增长的趋势。未来，杨梅的消费市场将进一步扩大，不仅限于本地市场和周边城市，还将逐步拓展到全国乃至全球市场。

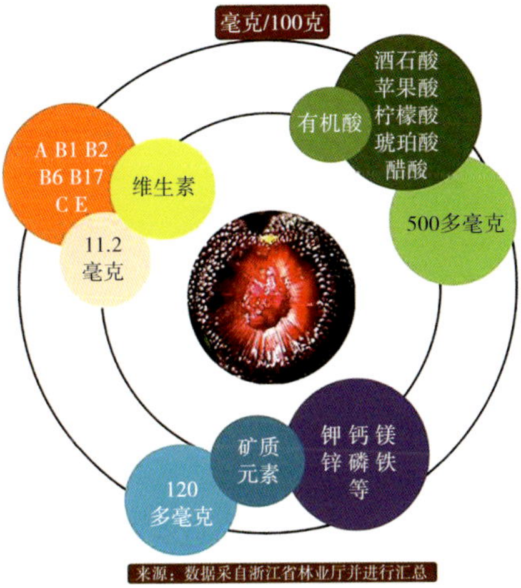

图 9 杨梅果实营养成分

3. 技术创新与品质提升 技术创新是推动杨梅产业发展的重要动力。未来，杨梅行业将加强技术研发和品种改良，提高杨梅的品质和产量。通过选育优质杨梅品种、优化种植技术、引入现代种植设备和加工工艺，不断提升杨梅的果品品质和市场竞争力（图 10、图 11）。同时，加强对杨梅保鲜、包装和物流配送等环节的研发，确保杨梅在运输和储存过程中的新鲜度和品质。

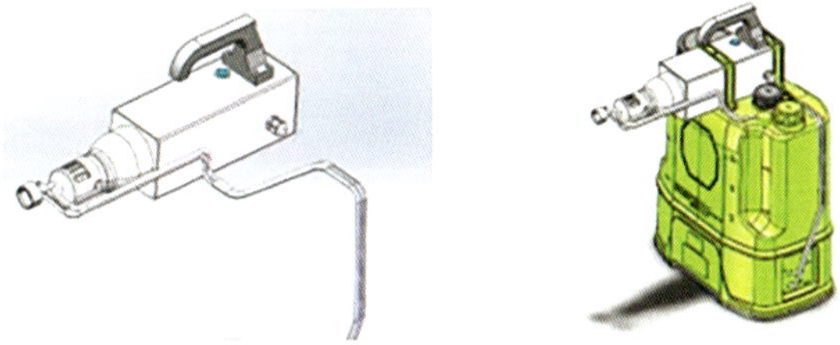

图 10 超音速冷雾机喷头

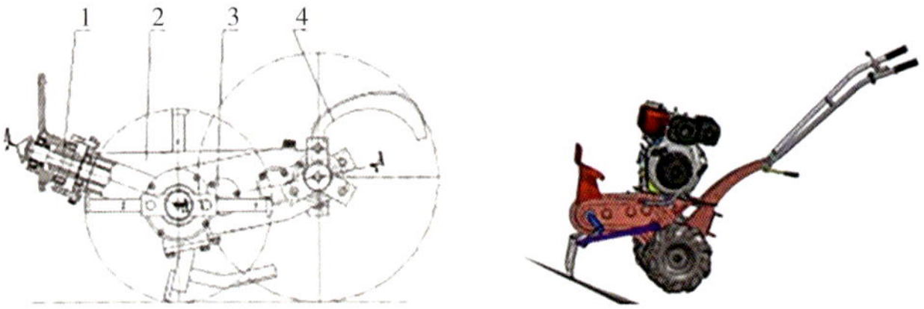

图 11　杨梅果园小型耕作施肥装备

4. 多元化发展　除了鲜食市场外，杨梅还可以加工成多种产品，满足不同消费者的需求。未来，杨梅行业将进一步拓展多元化市场，开发更多与杨梅相关的产品，如杨梅棒冰、杨梅酥等。这些产品不仅丰富了杨梅的消费形式，还提高了杨梅

图 12　杨梅采摘节活动

的附加值和市场竞争力。同时，杨梅观光区的开辟和入园采杨梅等活动的开展，也将促进当地旅游业的繁荣，实现杨梅产业的多元化发展（图 12）。

5. 政策支持与环保发展　政府相关部门将继续出台一系列政策，支持杨梅产业的发展。这些政策包括品种改良和科技创新、质量控制和标准化生产、品牌建设和市场推广、产业链延伸和深加工以及环保和可持续发展等方面（图 13）。通过政策引导和支持，推动杨梅产业向规模化、集约化、产业化方向发展。同时，加强杨梅产业的环保和可持续发展工作，推广绿色种植技术和生态防治方法，减少对环境的影响。

图 13　数字化 App 帮助梅农掌上解决问题

第2章 品种介绍

一、深红种

“深红种”又称“二都深红种”（图14），原产地为绍兴上虞，2002年通过浙江省林木品种审定委员会审定，确认为浙江地方林木良种。该品种树势强健，枝叶茂盛，树冠圆头形。叶色深绿，叶倒披针形，先端圆钝或近圆形。雌花为柔荑花序，一般雌雄异株。果实大，圆球形，平均单果重13.1 g，最重可达16.3 g。果表深红色，具明显纵沟，肉柱先端多圆钝少尖头，果蒂较小，肉质细嫩，

图14　深红种杨梅

汁液多，酸甜适口，风味较浓。可溶性固形物含量 12.4%，总酸 1.3%，可食率 94.6%，品质优良。在绍兴上虞地区果实大多在 6 月中旬成熟，采收期长达 20 天左右。深红种杨梅具有丰产性，30 年生成年树平均株产 57.5 kg，最高可达 300 kg。

二、水晶种

图 15　水晶种杨梅

“水晶种”又称“二都水晶种”（图 15），原产地为绍兴上虞，是白杨梅中唯一的大果型品种，2002 年通过浙江省林木品种审定委员会审定，确认为浙江地方林木良种。该品种树势强健，树冠半圆形。叶片倒披针形，叶淡绿色。果实通体白色，未成熟时白中透青，成熟后白中透着一点黄，晶莹剔透，如水晶般美丽。果实较大，圆球形，果面白玉色，有些品种若用深红种杨梅作授粉树，则个别果面会呈现鲜粉红晕，平均单果重 14.4 g，最重达 17.3 g。肉质柔软细嫩，汁多，味甜稍酸，风味较浓，具独特清香味，可溶性固形物含量 13.4%，可食率 93.6%，品质上等。在绍兴上虞地区果实 6 月下旬成熟，采收期约 15 天。

三、东魁

东魁原产地为浙江黄岩，是我国杨梅“四大良种”之一，也是目前果形最大的杨梅良种。该品种树势强健，树姿直立，树冠高大，呈圆头形，枝繁叶茂（图16）。丰产稳产，抗风，成熟时不易落果。叶大密生，呈倒披针形，幼树叶缘波状皱缩，成年后全缘，色浓绿。果实近圆形，平均单果重20～25 g，最重可达50 g。果色紫红，色泽深红至紫黑色，有光泽。肉柱较粗，肉厚、味浓、汁多，可食率高达94.8%。可溶性固形物含量高达13.5%，酸含量仅为1.35%，风味独特，甜酸适口，细嫩多汁。绍兴地区6月下旬成熟，采收期15天。该品种产量高，种植5～6年后开始结果，15年后进入盛果期，盛果期可维持50～60年。大树一般株产100 kg以上，结果大小年现象不明显，成熟时不易落果。抗风性强，抗杨梅斑点病、灰斑病、癌肿病。

图16　东魁杨梅

四、荸荠种

图 17　荸荠种杨梅

荸荠种原产地为余姚、慈溪（图 17），是我国杨梅“四大良种”之一。该品种树势中庸，树冠较整齐，半圆形或圆头形，树形较矮。多年生枝条呈暗褐色，有灰白色晕斑及长圆形皮孔；嫩枝青绿色。叶片倒卵形，叶尖渐尖，先端钝圆，厚度中等，叶质稍硬，正面色深绿，背面灰绿，全缘或叶前端偶有钝锯齿。果实中等偏小，平均单果重 9.5 g，最重可达 17.0 g。果形近圆形，顶部稍凹，果底平，缝合线较明显，果蒂小且微凹，蒂苔淡红色，果轴短。完全成熟时果面紫黑色，肉柱端圆钝，肉质细软，汁多，味甜微酸，略有香气，可溶性固形物含量 12% ～ 13%，总糖量 9.1%，含酸量 0.8%；核小，与果肉易分离，可食率 96%。品质特优，加工性能佳，适于鲜食与罐藏加工。绍兴地区 6 月中旬成熟，采收期达 20 天。该品种丰产、稳产、优质，适应性广，1 年生嫁接苗定植后 3 ～ 5 年开始结果，10 年进入盛果期。盛果期平均株产 50 kg 以上，最高可达 450 kg。旺果期可维持 30 年左右，经济结果寿命约 50 年。果实成熟后不易脱落。较抗癌肿病与褐斑病。但栽培管理不当时，易形成大小年，且大年果实偏小。

五、丁香

丁香（图 18），原产地为浙江温州，是我国杨梅“四大良种”之一。该品种树势较强，树冠形或半圆形，枝条短缩，叶倒披针形或长椭圆形，叶色浓绿。果实圆球形，平均单果重 11.3 g。成熟时果面紫红色，果柄长，果蒂较大呈绿色疣状凸起。果实肉柱饱满圆钝，柔嫩而脆不刺口。色泽紫黑发亮，果柄特长呈绿色，果柄基部有一红色圆球形突起，被誉为“红盘绿蒂”。酸甜可口，柔软多汁，甜酸适中，品质极佳，可溶性固形物含量 11.1%，含酸量 0.83%，可食率 96.4%，品质上等。绍兴地区在 6 月上中旬成熟，采摘期约为 10 天。该品种果实固着能力强，带柄采摘。树冠较矮小，单株产量不及其他品种，定植时可适当密植。

图 18　丁香杨梅

六、早鲜

早鲜杨梅长势健壮（图 19），树势较弱，整体呈圆头形或开心形，以中、短果枝结果为主。成熟期较早色提早 5 ～ 7 天。果实圆球形，无果蒂凸环，完全成熟时果梗与果实易分离、果梗留枝，果面呈深红色，肉柱先端为圆钝形，缝合线浅。果形大，平均单果重 13.99 g，最重可达 16.06 g，果形指数 1.02，可食率 91.17%；可溶性固形物含量 12.54%，总糖含量 8.46%，果实味甜中带酸，带有独特的鲜味。该品种具有耐低温特点，2018 年在浙江中部、北部地区普遍降雪的环境下，枝干未出现明显的冻害。

图 19　早鲜杨梅

第3章

周年管理

	11月至翌年2月中旬	2月下旬至3月中旬	3月下旬至4月中旬	4月下旬至5月下旬	6—7月	8—10月
物候期	休眠期	花芽发育期	花期、春梢抽发期	果实膨大期	成熟期、夏梢抽发期	花芽分化期、秋梢抽发期
管理措施	1. 清园：剪除枯枝、病虫枝、衰弱枝，清理落叶，喷3～5波美度石硫合剂 2. 枝干涂白 3. 伤口处理：对大枝上的肿瘤，用利刀刮净后涂抹抗菌剂保护 4. 开垦种植，挖定植穴	1. 整形修剪：幼龄树采用拉枝、压枝促提早生产；成年树锯除或短截过高直立枝，回缩过长斜生枝 2. 疏花枝：疏删过量花枝和密生、纤细、内膛小侧枝 3. 新园栽植：搭配1%～2%雄株 4. 小苗嫁接、高接换种	1. 保花：刨树盘，盖土覆草，施0.2%硼砂叶面肥 2. 疏花	1. 施壮果肥：增施低氮高钾，叶面可喷施钙肥、钾肥，为果实膨大提供充足养分 2. 修剪：剪除过密枝条和弱枝，改善光照条件，促进果实均匀膨大 3. 保果：防止杨梅生理性落果 4. 疏果：疏除病虫果、劣小果	1. 适时采收 2. 施足采后肥：增施中氮高钾肥 3. 夏季修剪：疏删大枝，剪去拖地枝、交叉枝和直立枝 4. 预冷：于5℃以下进行预冷 5. 短期贮藏或周转以5天以内为宜	1. 早施基肥：以有机肥为主 2. 控制秋梢

注：物候期形态见图20。

休眠期

花芽发育期

花期

果实膨大期

成熟期

花芽分化期

图 20　杨梅物候期

第4章 标准化生产技术

一、立地建园

（一）砧木苗培育

1. 浸种方法 提前将种子浸于50%多菌灵600倍液中1～2天，捞起沥干水分待用。

2. 苗床地选择 选择水源充足、地势平坦、土壤疏松的地块，避免连作。播种前对土地进行平整，筑成宽1.0～1.4 m，高10～20 cm的畦床，畦沟宽30 cm。

3. 播种方法 以10月中下旬为宜，每平方米苗床的播种量为0.9～1.2 kg。均匀撒播在畦面，种子之间不宜重叠，播后用木板将种子轻压入土，上覆焦泥灰或细黄土，以盖住种核为宜，再覆薄草，温度较低时，应加薄膜小拱棚保温。芽出土后及时揭去地面覆草，出苗后打开小拱棚两头的薄膜。

4. 实生苗移栽方法 苗长到5～6 cm时即可移植。以无风的阴天为宜，采用起苗室内嫁接的株距7～8 cm、行距约 20 cm；采用就地大田嫁接的，株距 12 ～ 15 cm、行距约 30 cm。移植后长出 5 ～ 6 片新叶时浇施薄肥，10 月底停止施肥。做好排灌水。勤松土除草，及时做好褐斑病、卷叶蛾和地下害虫等病虫害防治。

5. 嫁接苗培育方法　嫁接时间应在 2 月下旬到 3 月下旬，采用切接或切腹接，嫁接部位为砧木根颈以上 2 ～ 5 cm 处。采用品种纯正、生长健壮的结果树上发育充实、无病虫害的 1 ～ 2 年生枝梢。接穗应随采随接，或贮藏于阴凉湿润的环境中，通常不超过 3 天。

6. 嫁接苗管理方法　嫁接好的苗木，于室内以湿沙假植，经 5 ～ 10 天选择无风晴天种植，株距 7 ～ 15 cm，行距 20 ～ 30 cm。主要管理措施包括：一是除萌蘖，成活后砧木上发生的萌蘖，应及时抹除；二是整枝，接穗抽发嫩枝后，选留一垂直、生长旺盛的枝条，其余及时抹去，苗高 20 cm 时或伏旱来临之前及时摘心；三是及时施肥，至新梢木质化时开始追肥，每月 1 次，薄肥勤施，立秋后停止追肥；四是除草防旱排涝，苗木生长期及时中耕除草，遇旱涝及时灌排或搭棚遮阳；五是防病治虫，苗期做好褐斑病、卷叶蛾、蓑蛾等病虫害的防治。

7. 苗木出圃　苗木质量见表 1。

表 1　苗木质量要求

级别	干粗（cm）	苗高（cm）	根系	检疫性病虫害
1 级	≥ 0.6	≥ 40	发达	无
2 级	≥ 0.5	≥ 30	发达	无

（二）定植

1. 定植前准备 杨梅为常绿果树，定植时间一般选择在春季，特别是2月下旬至3月中旬，此时气温回升，有利于杨梅小苗的成活和生长。选择品种纯正、砧木和接穗愈合良好、根系发达、苗木新鲜强健、无病虫害的壮苗进行定植。长途运输的苗木，在栽植前需把根部浸湿，然后再进行松包和定植。定植穴应设置在离梯田或鱼鳞坑外沿1/3处，按株行距的要求测量出定植穴的位置。定植穴的规格一般为长宽各1 m，深0.8 m。挖穴时，应将表土和深土分开堆放，以便在回填时分层使用。在定植穴底部施入基肥，基肥可选用腐熟的农家肥、垃圾堆肥、家禽粪便、菜籽饼或豆饼、山地杂草或烧山后的焦泥草皮等，并搭配适量的过磷酸钙。基肥应与表土混合均匀后回填至穴内（图21）。

2. 定植方法 在定植前，对杨梅小苗进行适当的修剪，剪去过长和过密的枝梢，将过长的须根剪短，以促进新根的生长。同时，可以用生根粉处理苗木根部，提高成活率。将处理好的杨梅小苗放入定植穴内，校正距离，对齐直行和横行，使苗木放正，须根向四周舒展。注意嫁接口应放在背风方向，以防吹折并有利于接口愈合。先回填一部分表土至根系附近，轻轻踩实，使根系与土壤紧密接触。然后继续回填土壤至略高于地面约20 cm处，形成一个小土堆，以利于保水和防止根系积水。定植后应立即浇足定根水，确保根系与土壤充分接触并吸收到足够的水分。浇水后可在树盘表面覆盖一层松土或地膜，以减少水分的蒸发和保持土壤湿度（图 22）。

图 21　杨梅小苗定植及生长

3. 后期管理　定植后应定期检查苗木的生长情况，及时发现并处理病虫害。根据天气和土壤墒情适时浇水，保持土壤湿润但不过湿。同时根据苗木生长情况适时追施肥料，促进苗木健壮生长。在苗木生长过程中适时进行整形修剪，培养良好的树形结构，为后期高产、稳产打下基础。

图 22　杨梅实生苗嫁接

（三）建园要求

1. 地理位置　在绍兴地区，杨梅栽培的适宜海拔高度为

400 m 以下，坡度应低于 25°，以便于集约经营和管理。随着海拔高度的上升，年平均温度降低，昼夜温差增大，果实成熟期延迟。一般来说，海拔每升高 100 m，成熟期延迟 0.8 天。

2. 气候条件 杨梅是喜温耐阴的亚热带常绿树种，适应性较强，较耐寒耐旱。适宜生长的年平均温度在 15 ～ 21℃，最低温度不低于 −9℃，年有效积温 4500℃以上。其中，花期最低温度不低于 −2℃，否则易出现“花而不实”的现象，成熟发育期高温不超过 37℃。在光辐射较大、热量充分、冬春季积温较高、4—6 月降水较多、夏秋降水分布适度偏少的小气候条件下，杨梅的优质、丰产性更为显著。

3. 土壤条件 杨梅树对土壤的要求较高，适宜在排水良好、含有石砾的沙质红壤或黄壤中生长。土壤的 pH 值应为 4.5 ～ 6.5，呈酸性。杨梅树根系分布广，因此在整地时要保证土壤松软，有利于根系的扩展。腐殖质层厚的土壤更有利于杨梅的生长。

4. 水分条件 杨梅树喜湿耐阴，但不喜欢过于潮湿的环境。要求年降水量 1000 mm 以上，平均相对湿度 80% 以上。在雨量充沛、气候湿润的地区，杨梅树寿命长且丰产。因此，在干旱季节要注意及时浇水，保持土壤湿润。

5. 光照条件 杨梅树喜欢充足的阳光，采用合理的种植密度，确保光照充分透入，若光照不足会产生枝叶徒长的现象。在高温季节需要适当遮阳，以免烈日灼伤叶片。在山谷或山坡地建园时，可选择东南坡，以保证杨梅树的健康生长。

6. 经济地理条件 要求有便利的交通和通信条件，以便于杨梅的运输和销售。要求无工业污染及严重的空气污染，以保证杨梅的品质和质量安全。

7. 其他要求　应尽量保留周围植被，果园周围植被保护良好的，果园空气相对湿度往往比较均衡，害虫的天敌多，园内病虫害就少，而且果实品质也较为优良。在建立杨梅园时，除了考虑上述因素，还需要进行合理的规划布局，包括果园的栽植小区、道路系统、防风林带和水土保持措施等，以便于采摘和管理。

二、土肥水管理

（一）土壤管理

1. 增施有机肥　增施有机肥是快速有效增加土壤有机质含量的措施。有机肥料是指含有较多有机质的肥料，主要包括粪尿类肥、堆沤肥、秸秆肥、绿肥、土杂肥、饼肥、腐植酸类肥、海肥类肥和沼气肥等。这些有机肥种类多样，来源广泛，为杨梅生产提供了丰富的肥料资源。

粪尿肥：人粪尿、家畜粪尿以及禽粪的总称。农民常将家畜粪尿与垫料混合，积制而成的肥料统称为厩肥。厩肥是农村中大量施用的重要有机肥料。

堆沤肥：堆肥和沤肥是性质基本相似的肥料，它们均是以作物秸秆为主，掺入少量人畜粪尿积制而成。腐熟的堆肥或沤肥是优质有机肥，对改土和肥田都有良好的作用。

绿肥：直接翻压的新鲜绿色植物总称，常见的绿肥作物有田菁、苕子、绿豆、苜蓿等。

饼肥：各种含油较多的种子，经压榨去油后剩下的残渣的总称。腐熟后的饼肥养分含量高，肥效很高且持久。

泥炭及腐植酸类肥料：这类肥料含有丰富的腐殖质，对土壤有良好的改良作用。

泥土肥：包括河泥、湖泥、沟泥以及墙土、炕土等，这些泥土中富含有机质和微量元素，对植物生长有益。

增施有机肥的好处主要体现在以下几个方面：

第一，改良土壤结构。有机肥能有效促进土壤团粒结构形成，改善土壤的透水性、蓄水性、通气性，为植物根系的生长提供良好环境。同时，有机肥还能增强土壤保水能力，增加土壤有效持水量，改善土壤热量状况。

第二，提高土壤肥力。有机肥中含有丰富的有机质和营养元素，如氮、磷、钾以及多种微量元素。这些元素在土壤中经过微生物的分解作用，逐渐释放出来供植物吸收利用，从而提高土壤肥力。

第三，促进作物生长发育。有机质中的胡敏酸能增强植物呼吸作用，提高细胞膜的渗透性，增强对营养物质的吸收。同时，有机质中的维生素等生物活性物质也能促进植物的生长发育。

第四，提高土壤保肥能力。土壤有机质中的有机胶体能吸附大量的阳离子和水分，其阳离子交换量和吸水率比黏粒要大几倍甚至几十倍，因此，有机肥能显著提高土壤保肥蓄水的能力以及土壤对酸碱的缓冲性。

第五，减少环境污染。有机肥中的有机物质对重金属离子有较强的络合能力，能降低土壤中重金属离子的浓度。同时，有机肥对农药等有机污染物质也有强烈的亲和力，能通过与其结合或作为还原剂改变其结构，从而加快有机污染物的降解过程，减少其在土壤中的残留污染。

2. 生草栽培

（1）生草栽培的优点。杨梅生草栽培是一种在杨梅园中通过种植特定草种来优化土壤环境、提高杨梅产量和品质的栽培方法（图 23）。其优点包括：第一，改良土壤。生草栽培能够增加土壤有机质含量，改善土壤结构，提高土壤肥力和保水保肥能力。草种的根系有助于土壤疏松，减少土壤板结现象。第二，抑制杂草。生草栽培通过种植竞争力强的草种，可以有效抑制果园内恶性杂草的生长，减少人工除草的成本和劳动力投入。第三，保持水土。草层覆盖地表可以减少雨水对土壤的冲刷，防止水土流失，保持土壤湿度和温度的稳定，有利于杨梅根系的生长。第四，提高生物多样性。生草栽培为土壤微生物、昆虫等生物提供了丰富的食物来源和栖息地，增加了

图 23　杨梅果园牛草栽培

果园的生物多样性，有助于构建健康的果园生态系统。第五，提升杨梅产量和品质。通过改善土壤环境和果园小气候条件，生草栽培能够提升杨梅的产量和品质，使杨梅果实更加鲜美可口。试验表明，与清耕对照相比，覆盖鼠茅草处理显著增加了土壤含水量 14.5% ～ 22.7%，同时显著增加土壤有机质、碱解氮、有效磷、速效钾和缓效钾含量，但对土壤 pH 值、全氮含量影响不大。

（2）生草栽培技术。

①选择适宜的草种：选择适合杨梅园种植的草种是关键。适宜的草种应具有生长迅速、覆盖能力强、覆盖时间长、耐阴耐践踏、矮小易管理、不分泌毒素或有克生现象等特点。在上虞驿亭镇、丰惠镇多点试验后发现，鼠茅草效果最佳，白三叶、黑麦草次之。鼠茅草是一种耐严寒不耐高温的草本绿肥植物，根系纤细，在生长期及根系枯死腐烂后有代替人工深耕的效果，既能保持土壤的通透性和通气性，同时也能够抑制杂草，增加土壤有机质。

②播种：以鼠茅草为例，在绍兴地区一般在 9 月下旬至 10 月上旬播种，以条播为宜，可用覆草保湿，也可补墒，极易成坪。同时条播节省草种，有利于鼠茅草分生侧茎和幼苗期灭除杂草，行距一般为 15 ～ 30 cm，播种量一般每亩 1.5 ～ 2 kg 为宜。如果土壤墒情好，播种量宜小；土壤墒情差，播种量宜大。

③苗期和分蘖期：草种出苗后，及时进行间苗、定苗、除草，同时去除高秆和深根性杂草，如有需要及时补苗，确保

果园内生草实现全苗。根据实际情况及时刈割，合理控制鼠茅草长势，促进分蘖分枝，提高鲜草产量。

④拔节和抽穗期：鼠茅草越冬期后翌年 3 月返青，4—5 月拔节孕穗，6 月灌浆成熟后倒伏，能有效防治其他杂草生长，对于降低 7—9 月土壤温度、保持土壤水分有一定作用。当鼠茅草的根系逐渐加粗加深，可根据生长情况，分阶段刈割 3 ～ 5 次，以保留 1 ～ 2 节茎为宜。如果水肥条件良好，适当增加刈割次数；反之，则减少刈割，确保刈割后的再生能力。刈割后的草可以覆盖在树盘周围，实现保墒增肥的作用。

3. 深翻改土　秋冬季节进行，从树冠外围滴水线处开始，向上坡面和左右两侧深翻，逐年向外扩展，可结合施基肥，方法采用放射状、环状等，并隔年轮换。

4. 杂草治理　每年除草 1 ～ 2 次。实行季节性自然生草，在杨梅果实成熟采摘前、采后施肥、施基肥改土时进行杂草治理；宜结合松土施肥进行人工除草和机械割草，不能用除草剂除草。

5. 合理套种　在幼年杨梅园可间作套种。种植的间作物应选择浅根、矮秆且与杨梅无共生性病虫的品种，以豆科植物为宜，并结合绿肥还田。

6. 施用土壤调节剂　长期施用化肥容易导致土壤酸化和板结，降低土壤保水保肥性。施用土壤调节剂可以改善土壤物理性状、提高土壤保水持水能力和调节土壤微生物区系。以腐植酸钾为例，可选择采后施用，以达到树势恢复和产量提高的目的。

（二）施肥管理

1. 杨梅树对主要营养元素的需求

（1）对氮元素的需求。氮元素对于杨梅树的生长和叶片的形成至关重要。氮肥可以促进植物的叶片生长和绿色素的合成，提高杨梅树的光合作用能力和养分吸收能力。杨梅树虽然具有菌根能起到固氮作用，但适量施用氮肥仍对其生长有益。缺氮会导致叶片发黄变小，枝梢生长不良，树势衰弱，易造成减产或大小年结果现象。氮肥的施用需根据品种、施肥时期和结果树类型进行调整，避免过量施用导致枝叶茂盛但果实数量减少、品质下降。

（2）对磷元素的需求。磷元素在杨梅树的根系发育和果实形成过程中起着重要作用。磷肥可以促进根系的茂盛生长和增加花芽的分化，提高杨梅树的抗逆性和耐受性。磷能促进杨梅新根的发生和生长，提高根系吸收能力，增强抗旱和抗寒能力。磷还可促进花芽分化，增加花数，提高坐果率，增加产量，提升果实品质。缺磷时，新梢和根系生长减弱，叶片变小且缺乏光泽，严重时引起早期落叶，花芽分化不良，果实色泽不鲜艳、含糖量低，影响产量和品质。酸性土壤中易发生磷的缺乏症，适量施磷肥对生长结果大为有利。但磷过剩会抑制氮的吸收，引起生长不良。

（3）对钾元素的需求。钾元素对于杨梅树的果实发育和品质非常重要。钾肥可以促进果实的增大和颜色的鲜艳，提高树木的抗病能力和适应环境的能力。钾是杨梅需求量最大的元素，对果实增大有显著作用。钾能促进果实同化养分的积累，对幼果早期细胞分裂有促进作用。同时，钾能发生水合作用，使鲜果中水分百分比增加，果实达到充分肥大。钾还能促进果实中糖的积累，有利于花青素的形成，促进着色，提高品质。此外，钾还能促进新梢增粗，提高抗旱、抗寒能力。

（4）对其他微量元素的需求。除了氮、磷、钾等主要营养元素外，杨梅树还需要铁、锌、锰等微量元素以及硼等关键微量元素来维持正常生长和代谢。硼对杨梅生长发育也起着重要作用，能促进花粉形成、花粉发芽和花粉管生长，有利于授粉受精，提高坐果率。缺硼会导致梢枯病症状，花芽分化不良，落花落果严重，产量降低（图 24）。钙也是杨梅生长发育不可缺少的营养元素，能调节树体内的酸碱度，促进根系生长和吸收，延长果实的贮藏时间。

图 24　杨梅缺硼症状

2. 施肥量影响因素

（1）土壤条件。土壤肥力直接影响杨梅树对养分的吸收和利用。土壤肥沃的果园可以适当减少施肥量，而土壤贫瘠的果园则需要增加施肥量。杨梅树适宜在微酸性的土壤中生长，土壤 pH 值过高或过低都会影响养分的有效性，从而影响施肥效果。

（2）树势。不同树龄的杨梅树对养分的需求不同。幼龄树以枝叶生长为主，需要较多的氮肥；成年树则以开花结果为主，需要均衡的氮、磷、钾等养分。树势旺盛的杨梅树对养分的需求量大，而树势衰弱的杨梅树则需要适当减少施肥量，以避免造成负担。

（3）生长阶段。杨梅树在生长期（如春季）对养分的需求量大，此时应适时施肥以促进生长。在开花结果期（如春季至夏季），杨梅树需要足够的养分来支持花芽分化和果实发育，此时应增加磷、钾肥的施用量。采果后杨梅树需要恢复树势并为下一年的生长做准备，此时应适量施用有机肥和复合肥。

（4）气候条件。温度影响杨梅树的生长速度和养分吸收能力。在温度适宜的条件下，杨梅树生长旺盛，对养分的需求量大。降水量的多少会影响土壤中的养分含量和杨梅树的根系吸收能力。在干旱条件下，应适当增加施肥量并加强灌溉管理。

3. 施肥种类和方式

（1）基肥。基肥一般在秋季施用，建议在 9—10 月进行。此时正是杨梅根系生长的高峰时期，施用基肥有利于促进根系生长，为来年春季开花结果提供充足的养分。基肥主要以腐熟有机肥为主，如堆肥、饼肥、家畜粪等。同时可加入一定量的硼肥，以满足杨梅树对多种营养元素的需求。一般每亩施腐熟有机肥 2000 kg 或商品有机肥 1000 kg，基肥的施用量占全年施肥量的 60% 左右。为提高杨梅树对肥料的吸收，基肥主要采用环状沟施肥或条状沟施肥，在树冠外围滴水线处不同方位挖 4 ～ 6 个深 20 ～ 30 cm 的穴或深 20 ～ 30 cm 长 60 cm 的放射沟，并及时覆土（图 25）。有机肥必须尽早准备，施用的肥料要先经过腐熟。在施基肥挖坑时，注意不要伤到根，否则影响吸收面积。有机肥与难溶性化肥及微量元素肥料等混合施用。在基肥中可加入适量硼、硫酸亚铁、过磷酸钙等，与有机肥混匀后一并施入。要不断变换施肥部位和施肥方法。施肥深度要合适，不要地面撒施和压土式施肥。若肥料充足，一次不要施太多，可以分次施入。

（2）追肥。追肥主要根据杨梅树的生长阶段和养分需求进行。一般包括芽前肥、壮果肥和采后肥等。芽前肥在 2—3 月施用，株施尿素 0.2 ～ 0.3 kg，以促进腋芽萌发和枝叶生长。壮果肥在 4—5 月施用，株施复合肥 1 kg 加硫酸钾 1 ～ 2 kg，以促进果实迅速膨大和花芽分化。采后肥在 6 月底至 7 月中旬施用，株施复合肥 0.5 ～ 1 kg，以补充树体养分，促进花芽分化。追肥可采用条状沟施肥法、环状沟施肥法或放射沟施肥法等进行。

图 25　基肥环状开沟施肥

（3）叶面肥。叶面肥主要在杨梅树生长期间施用，特别是在果实膨大期和开花期等关键时期。叶面肥主要选用一些易于被叶片吸收的营养元素肥料，如磷酸二氢钾、硫酸钾、尿素、硼酸或硼砂溶液等，叶面肥的施用浓度需根据肥料种类和杨梅树的生长情况而定，一般控制在 0.2% ～ 0.5%。施用叶面肥时应将一定浓度的肥料水溶液均匀喷布在杨梅叶片上。叶面喷肥用肥量小、吸收快，可避免一些营养元素在土壤中固定或淋失造成作物缺素症发生，最好在阴天或傍晚无风时进行。

（4）幼龄树施肥。幼龄树以扩大树冠为目的，氮∶磷∶钾配比以 4∶1∶3.5 为宜，特别是新栽幼树根系生长缓慢，施肥上应适当增施氮肥，开始结果后减少氮肥用量，增施钾肥。幼龄树每年施速效性肥 1 ～ 2 次，分别在 3 月和 6 月上旬，株施尿素或复合肥 0.1 ～ 0.3 kg。

4. 杨梅缺素症及防治方法

（1）缺氮症状及防治方法。杨梅对氮素的需求虽然存在，但由于其有菌根共生，通常会有氮素供给，因此不易出现明显的缺氮症状。然而，在极端情况下，如果土壤氮素严重不足，可能会导致叶片黄化、生长缓慢、新梢短弱等现象。一般情况下，杨梅不需要额外补充氮肥。但如果确认土壤氮素严重缺乏，可以通过增施有机肥或适量的氮肥来补充。

（2）缺磷症状及防治方法。杨梅对磷素的需要量很少，因此一般不易出现缺磷症状，磷过量易引起树干开裂（图 26）。但在某些特殊情况下，如土壤磷素极度缺乏，可能会

图 26　磷过量引起的杨梅树干开裂

表现出叶片暗绿无光泽、新梢生长不良等。由于杨梅对磷素需求不高，一般不需要特别补充磷肥。但如果确认土壤磷素缺乏，可以适量施用磷肥，并结合有机肥一起施用，以提高磷素的吸收利用率。

（3）缺钾症状及防治方法。轻度缺钾时，春、夏梢生长不充实，枝梢纤弱，花芽少，开花后易脱落。随着缺钾程度加重，枝梢中、下部叶的叶缘先为褐红色，随后向基部扩展，最后全叶呈褐红色枯焦、脱落。新梢生长量明显减少或不抽新梢，大小年结果现象明显。应增施有机肥料，以改善土壤理化性状，增加根系对钾的吸收。加强土壤管理，如生草法、有机物覆盖，以及良好的土壤水分管理，均能减少土壤中钾的淋失，提高土壤中钾的有效性。增施钾肥，一般每亩（1 亩≈667 m^2，全书同）施硫酸钾或氯化钾 25 ～ 50 kg，于树冠滴水线开沟环施。钾肥作根外追肥，一般用 0.3% ～ 0.5% 硫酸钾或 0.2% 磷酸二氢钾连续喷 5 ～ 6 次，每次间隔 1 周左右。

（4）缺铁症状及防治方法。新梢上幼嫩的叶片开始变黄，但叶脉仍为绿色，叶呈绿色网纹状。严重时，新梢顶端叶片枯焦，呈枯梢现象。应增加土壤有机质，改变土壤酸碱度，使其更适宜杨梅生长。发芽前喷 0.3% ～ 0.5% 的硫酸亚铁溶液，或硫酸铜和石灰混合液（硫酸铜 0.25 kg+ 硫酸亚铁 0.25 kg+ 生石灰 0.625 kg+ 水 80 kg），可防止病害发生。春季化冻后至果树萌芽期，沿根颈周围挖直径 80 cm 的圆坑，深 30 ～ 40 cm，以露出大侧根为宜，找出与黄化部位相应的大侧根 4 ～ 5 条，对每一侧根两侧各做一浅伤口，把 2% ～ 3% 的硫酸亚铁溶液

100 kg，倒入坑中，浸半小时以上，渗干后覆土平坑。

（5）缺锌症状及防治方法。除叶脉附近绿色外，其余叶肉褪绿，呈黄色条斑。树体矮小，叶小、丛生、缺绿，新叶有灰色或黄白色斑点，根系生长差（图 27）。果实发育不好，肉柱硬、细、尖，果实小或变形，品质差。应增施有机肥，改良土壤。结合施基肥，株施硫酸锌 0.5 kg，兑水 250 倍。发芽前喷 5% 的硫酸锌溶液，效果可维持一年。

图 27　杨梅缺锌引起的嫩叶长期不能转绿

（6）缺钙症状及防治方法。主要表现为枝梢纤弱，严重时新梢生长点受损或坏死变黑。叶片增绿困难，有时嫩叶失绿、变形，或有叶与叶粘连，叶缘坏死（图 28）。果实裂核、裂果、畸形果或果实糖分不足，品质差。应根据土壤酸碱度，每亩撒施适量消石灰。喷射波尔多液或石硫合剂，可以起到防病与补钙等多重作用。尤其冬季使用高浓度的石硫合剂，效果更佳。

图 28　杨梅缺钙叶片窄小易脱落

（7）缺镁症状及防治方法。主要表现为叶脉两侧出现不规则黄斑，老叶失绿，与叶脉呈网格形，叶肉变黄、变褐，最后死亡。影响果树开花，花色苍白。应在树冠上喷施 0.2%～0.3% 磷酸二氢钾溶液，为叶片补充镁元素。

（三）灌水

1. 灌溉时期

（1）萌芽和开花期。这次灌水是长时间冬季干旱的补充灌水，为杨梅树萌芽、开花、展叶，提高坐果率和早春新梢生长，扩大枝、叶面积做准备。进入开花期后，杨梅对水分的需求较为敏感，灌溉有助于促进花朵的正常开放和授粉受精，提高坐果率。此次灌水量要大，但也要根据当年降水情况安排灌水，以防灌水过多。

（2）果实膨大期。一般是在果实采前 30 天左右，此时的水分供应充足与否对产量影响很大。适时灌溉可以确保果实大小均匀、品质优良。

（3）伏旱期。在夏季，特别是 7—9 月的伏旱期间，如果连续出现 7 天以上的干旱天气，杨梅树会面临严重的水分胁迫。此时，有条件的杨梅园应适时进行灌溉，以保证杨梅树的正常生长和果实的后期发育。

2. 灌溉方式

（1）滴灌、喷灌。滴灌系统可以将水分直接输送到杨梅树根部，减少水分蒸发和浪费。喷灌系统则可以将水分均匀喷洒在树冠上，保持叶片湿润，有利于光合作用和蒸腾作用。灌溉量应根据杨梅树的生长阶段、土壤墒情和天气情况等因素综合考虑确定，避免过度灌溉导致土壤积水，影响根系呼吸和生长发育。

（2）水肥一体化。水肥一体化设施，是指利用物联网、无线通信等现代技术，将灌溉系统与施肥系统紧密结合，通过可控管道系统，将可溶性固体或液体肥料按杨梅树的需肥规律和特点，配兑成肥液与灌溉水一起，定时、定量、准确地输送到杨梅树根部土壤，实现水肥同步管理和高效利用的一种农业设施。

三、整形修剪

（一）整形修剪的原则和依据

1. 原则　杨梅整形修剪的原则主要包括控高删密、去直留斜、通风透光、立体结果。通过这些原则，可以使树体结构合理，光照充足，结果部位分布均匀，从而提高杨梅产量和品质。

2. 依据　整形修剪的依据主要是杨梅的生长习性、树龄、树势以及栽培目的等。不同品种、不同树龄、不同树势的杨梅树需要采取不同的整形修剪方法。

（二）杨梅枝条类型

杨梅的枝梢依其性质及功能可分为普通生长枝、结果枝、徒长枝、雄花枝四种。

1. 普通生长枝　是杨梅树上除了徒长枝、结果枝和雄花枝之外的正常生长枝，其长度在 30 cm 以内。普通生长枝的长度应控制在合理范围内，既不过长也不过短。枝上的芽相对饱满，有利于后续的生长和开花结果。

2. 结果枝　是指雌株上着生雌花的枝条，是杨梅树结果的主要枝条。结果枝按发生的季节不同可分为春梢结果枝和夏梢结果枝两种。结果枝上着生雌花，是果实形成的基础。结果枝按长度可分为徒长性结果枝、长果枝、中果枝和短果枝。其中，中果枝（5 ～ 15 cm）和短果枝（小于 5 cm）结实率高，是最佳的结果枝。结果枝上的花芽数量多，尤其是中、短果枝，几乎全部分化为花芽。结果枝的结实率高，是杨梅树结果的主要部位。

3. 徒长枝　是指当年生长势过于旺盛的生长枝，其生长直立，长度通常在 30 cm 以上，是发育不充实的一种发育枝。徒长枝的生长方向直立，占据空间大，节间（即两个芽之间的距离）较长。徒长枝上的叶片通常较大且薄，芽不饱满，停止生长晚。徒长枝消耗大量水分和养分，对果树生长结果十分不利，一般应及早疏除。

4. 雄花枝　是指雄株上着生雄花的枝条，是杨梅树雄性生殖器官的一部分。雄花枝上着生雄花，主要负责产生花粉进行授粉。雄花枝上的花芽圆形、较大，与结果枝上的花芽有所不同。雄花枝本身不结果，但其对杨梅树的授粉和繁殖过程至关重要。

（三）主要修剪方法

1. 短截 是把1年生枝条剪短。短截目的是集中养分抽生新梢和坐果，增加分枝数目，以保证树势健壮和正常结果。短截对象常用于骨干枝延长枝修剪、培养结果枝组和结果枝修剪等。按短截的长度又可分为以下几种类型。

（1）中短截。在1年生枝的中部短截，短截后，在坐果的同时还可萌发新梢，萌发的顶端新梢长势强、下部长势弱。

（2）重短截。截去1年生枝的2/3。剪后萌发枝条较强壮，一般用于主、侧枝延长头和长果枝修剪，以及培养结果枝组。

（3）重剪。截去1年生枝的3/4～4/5。剪后萌发的枝条生长势强壮，常用于发育枝作延长枝头、长果枝和中果枝的修剪，主要用于更新。

（4）极重短截。截去1年生枝的4/5以上。剪后萌发的枝条中庸偏壮，常用于将发育枝和徒长枝培养或结果枝组培养，或用于更新。

（5）留基部。2叶芽剪后萌发的枝条较旺盛，常用于预备枝的修剪。

影响短截效果的主要因素有2个：一是剪口芽的饱满度，二是剪留长度。从饱满芽处剪截，由于饱满芽分化质量高，所以剪后长势强，可以促发抽生较强壮的新梢。剪口留瘪芽，长势弱，一般只抽生中短枝。短截越重、对侧芽萌发和生长的刺激越强，但不利于形成高质量结果枝。有时短截过重，还会出现削弱侧芽生长势的现象。短截越轻，侧芽萌发越多，生长势弱，枝条中、下部易萌发短枝，较易形成花芽。适宜的剪留长度与结果枝粗度有关，对于枝条较粗者，宜进行轻短剪，应剪留长一些；反之则短些。但对短果枝、花束状果枝不宜进行短截。

2. 疏枝　疏枝是指将枝条从基部剪除，可以是 1 年生枝，也可以是多年生枝。疏枝的对象主要是多年生老弱病虫枝、过密枝、交叉重叠枝及徒长枝。通过疏剪可以改善通风透光条件，减少养分消耗，促进花芽分化。疏枝对树体的影响与疏除的枝条数量、性质、粗度和生长势强弱有关。疏除强枝、粗枝或多年生大枝，常会削弱剪口以上枝的生长势，而对剪口以下的枝却有促进生长的作用。疏除发育枝可减少枝叶量，同时减少光合产物和根系的生长量。而疏除花芽较多的结果枝，则可以增加枝叶量和光合产物，并促进根系生长。总体来说，多疏枝有削弱树势、控制生长的作用。因此，对生长过旺的骨干枝可以多疏壮枝，对弱骨干枝可以多疏除花芽，促其向营养生长转化，以达到平衡生长。

3. 回缩　就是对多年生枝的短截。回缩目的是调整树体生长势，改善树冠光照，更新树冠，降低结果部位，调节延长枝的开张角度。同时控制树冠或枝组的发展，充实内膛，延长结果年限。

回缩后的反应强弱取决于剪口枝的强弱。剪口枝若留强旺枝，则剪后生长势强，有利于更新和恢复树势。剪口枝若留弱枝，则生长势弱，多抽生中短枝，利于成花结果。剪口枝长势中等，剪后也会保持中庸，多促发长、中果枝，既能生长，又能结果。

4. 抹芽　在新梢尚未木质化时及时抹除嫩芽，通常在春季进行。一般是从萌芽至其生长到 5 cm 之前进行。抹芽可以防止过多的新梢争夺养分，保证原有枝条的生长发育。

5. 摘心　摘心在幼苗生长期间去除顶端优势，通常在植物生长初期进行。摘心对象对预培养的骨干枝枝头、保留下来的锯剪口处长出的新梢和光秃部位长出的新梢，通过摘心可增加分枝，并可将其培养成结果枝组。摘心能够促进侧枝的生长，使树形更加丰满，同时也有利于控制植株高度。要依据不同的目的进行摘心，摘心的程度、位置和时间均可影响摘心的效果。如果对新梢进行重摘心，分枝位置较低，长出的新梢较旺。如果空间较大，可以在较高处摘心。

6. 拉枝、撑枝　将绳或铅丝系于骨干枝的中上部，另一端系在地面木桩上，拉开枝条，包裹好枝条系着部，使树冠向外扩展（图 29），可防止内膛枝枯秃，有利于结果。

图 29　杨梅幼龄树拉枝

7. 环剥　将枝干的韧皮部剥去一圈，可促进花芽分化、提高坐果率。但需注意环剥时间和宽度，以免对树体造成过大伤害。

8. 大枝修剪（开天窗） 以夏季（采后）最为合适，选择树冠中间 2 条直立大枝进行疏删，控制树冠高度在 3 ～ 3.5 m，采后疏删高枝、重叠交叉枝、病虫枝。有利于矮化树冠，改善通风透光（提高树冠中下部光照强度），促进内膛枝条抽生，改善果实品质，提高产量。但要注意修剪量不能过大，否则会导致大枝裸露日灼以及影响养分积累。

9. 小枝修剪（精准修剪） 以春（盛花期）、秋季（秋梢停长）最为合适，疏删对象为病虫干枯枝、交叉重叠枝、骑马枝。第二类为下垂枝（树冠中下部）、平伸枝和内膛枝。试验表明，小枝修剪能显著提高果品品质，尤其是在提高总糖、维生素 C 和降低可滴定酸上。

10. 结果枝修剪 在花量较多年份，以短截为主，减少当年开花量，促进来年结果预备枝的生长；在花量较少的年份，以疏删为主，甚至不宜修剪。

11. 侧枝修剪 侧枝为主要结果枝，若营养生长过旺，根据去强留弱原则进行疏剪或环割。连续结果后的枝组如附近有新枝，应及时更新。

12. 徒长枝修剪 对主干或主枝上抽生的徒长枝，在抽生初期从基部剪去；当树冠内缺少主枝或副主枝时，对徒长枝适当短截，促使抽发枝条以培养主枝和副主枝。

13. 更新树修剪 更新树修剪分 2 ～ 3 年完成，每年去除 1/3 大枝，2 ～ 3 年后树冠大小为原树冠的 1/2 左右为宜，同时可降低树体高度，实现矮化栽培。修剪要去除上部直立的枝条，保留下部斜生的枝条；大枝伤口应成斜面并削平，防止积水导致腐烂等；修剪后抽生新梢要及时进行护理，去除过密枝，对徒长枝要进行摘心，以确保枝叶正常生长。修剪后，在枝条伤口处涂抹凡士林 +1% 多菌灵。

（四）不同树龄修剪要点

1. 幼龄树修剪要点 杨梅幼龄期修剪的主要目的是促进树体生长，加快树冠形成，为早期结果打下基础。主要修剪方法包括：

（1）定干。在杨梅树苗栽植后，根据树形培养的需要，在离地 30 ～ 50 cm 处进行定干，剪去顶梢，促进侧芽萌发，形成主枝。

（2）培养主枝和副主枝。春梢萌发时，从主干上部选择上下错落的壮梢 3 ～ 5 个培养成主枝。当主枝生长至一定长度时，在距主干 40 ～ 50 cm 处选一强枝作为第一副主枝，第二副主枝可选在第一副主枝的另一侧，逐年向外扩展，搭好丰产架子。

（3）抹芽与摘心。主要针对幼树进行，有利于促进植株多分枝，较快形成树冠。新梢长到一定长度，组织尚未木质化时，将顶芽摘除或减去一段，可促生二次枝，增加分枝，加速树冠形成。

（4）拉枝与撑枝。利用绳索或枝干将骨干枝基角和腰角扩大，使树冠向外扩展，防止内膛枝枯秃，有利于结果。

（5）轻度疏剪。剪去内部拥挤的枝条，留好向外斜生的枝条，剪去下部拖地的枝条，使树冠迅速扩大，增加有效的光合作用面积，减少树体无效营养消耗。

2. 盛果期杨梅树修剪要点　在杨梅盛果期，修剪的主要目的是平衡树体生长与结果的关系，提高产量和品质，同时调节大小年结果现象。主要修剪方法包括：

（1）控制树高。通过短截和回缩等方法控制树体高度，避免树体过高导致管理不便。

（2）调节枝条分布。疏除过密枝、交叉重叠枝等，使枝条分布均匀，通风透光良好。

（3）更新结果枝组。对结果枝组进行更新修剪，保持结果枝组的健壮和结果能力。

（五）主要丰产树形

1. 自然开心形　定植后定干高度 30 cm，抹除主干下半部的当年生新梢，以保证上部枝条快速生长。保留 2 ～ 3 个春梢上发生的夏梢，其余疏除，长度超过 25 cm 时摘心。保留 2 ～ 3 个夏梢上萌发的秋梢，长到 20 cm 以上时摘心。如幼树生长正常，则定植第 2 年可在主枝上距主干 70 cm 处选留第一副主枝。定植第 3 年在完成三主枝及第一副主枝的基础上选留第二副主枝。第一、第二副主枝间隔 60 cm，其上的侧枝宜留 30 cm 长缩剪。定植第 4 年继续延长主枝和副主枝。在距离第二副主枝约 40 cm 处选留第三副主枝，在主枝和副主枝上继续培养侧枝。

2. 圆头形　定植后定干高度 30 ～ 40 cm，抽生枝条后保留分布于不同方向的共 4 ～ 5 个壮枝做主枝，彼此间隔约

20 cm。在距离主干 70 ～ 80 cm 处选留副主枝，副主枝间保留 80 ～ 90 cm 间距。除主枝、副主枝以外的过强枝，应控制生长，缓和长势，引导结果，避免成为粗大枝干。

3. 疏散分层形 一般分两层整形，干高 35 ～ 45 cm，有中心主干，主枝分层，第一层 3 个主枝，基角 45° ～ 50°，第二层 2 个主枝，层间距 100 ～ 110 cm，各主枝相互错开并保持一定间距，树形完成时，中心主干延长枝剪去或扭向一边作为侧枝。

4. 凹凸形 凹凸形又称立体凹凸波浪形，此树形定干高 30 ～ 50 cm 或无主干；分布 3 ～ 5 个主枝，其中 1 ～ 2 个主枝为中间直立。在快成形时培养多个副主枝，每个副主枝在主枝上的间隔距离为 20 ～ 30 cm，方向错开，依树形大小，确保一定的结果母枝群，使树形成为立体凹凸波浪形，即上下左右内外立体、中间凹凸，外冠看上去呈立体凹凸波浪形状。

四、花果管理

（一）疏花疏果和保花促果

疏花疏果是调节杨梅树体负载量、提高果实品质的重要措施。

1. 疏花（枝） 在杨梅花芽分化过多或大年树的情况下，需要进行疏花处理。疏花主要在盛花后期，采用石硫合剂（0.3 ～ 0.5 波美度）、“疏 6”（100 mg/L）等疏花剂疏花，宜在无风阴天进行，并掌握适用浓度。疏花枝是对全树的结果枝进行均匀短截，疏除细弱、密生的结果枝，以减少花量，提高花质。

2. 疏果　在杨梅果实生长期间进行多次疏果（图 30），遵循“强树多果、弱树少果”的原则，以调整果量，提高果实品质。一般在 4 月下旬至 5 月中旬进行，根据果枝类型和果实大小留果，若采用人工疏果，定果时每结果枝留 2 ～ 3 个果，确保果实分布均匀。

图 30　人工疏果

3. 保花促果　东魁等树势旺盛的品种，结果期基本不施氮肥，适施磷、钾肥；夏末秋初，在树冠滴水线附近开沟断根，沟深 30 ～ 40 cm；盛花期，人工抹除结果枝顶端的嫩梢。

（二）减轻落果方法

杨梅落果是影响产量的重要因素之一，减轻落果的方法包括：一是加强肥水管理，合理施肥和灌溉可以提高树体营养水平，增强树势，从而减少落果。特别是开花期和果实生长期间，要注意补充氮、磷、钾等营养元素和水分。二是及时防治病虫害，杨梅成熟期易受病虫害侵袭，导致落果。因此，要加强病虫害的监测和防治工作，及时喷洒农药或采取其他防治措施。三是采取避雨措施，杨梅成熟期正值雨季，多雨天气容易导致落果（图 31）。因此，可以采取搭棚避雨等措施减少雨水对果实的冲刷和损伤。四是使用生长调节剂，在杨梅生长期间适当使用生长调节剂，如赤霉素等可以促进果实发育和减少落果。但使用时要注意浓度和时期以免对树体造成不利影响。

图 31　露地杨梅采摘期落果现象普遍

（三）鲜果采收

在同一产地，因品种和地段不同，杨梅成熟期也不一致。一般山坡向阳的先熟，背阴的后熟。杨梅采收要分期分批，熟的先采，采红留青，这样能提高果实质量，减少树体养分消耗，对恢复树势也有利。采收时间宜在清晨或傍晚，此时气温较低，果实水分损失少，有利于保持果实的新鲜度和品质（图 32）。下雨或雨后初晴不宜采收，因为此时果实水分多，容易腐烂。

图 32　杨梅采收

采摘前修剪指甲，以免刺伤果实。穿着方面，建议穿着深色或旧衣服，以防果汁染色且便于清洗，同时长袖衣服可防小虫叮咬和树枝划伤。携带合适的采摘工具，如竹叉子，以便采摘高处的杨梅。掌握正确的采收方法，用三指握果柄，果实悬于手心中，连柄采下，避免损伤果实和树枝。轻采轻放，禁止剧烈摇动，以免果实受损。选用大小适宜的浅果篮盛放杨梅，并在果篮底部及四周垫软干草等，以减少果实间的挤压和摩擦。

（四）质量分级

杨梅分级包装是提高果实商品价值和市场竞争力的重要手段。以二都杨梅为例，按照感官和理化指标分特级、一级、二级共 3 个等级（表 2）。目前鲜果分级主要以人工为主，机械分级逐步得到应用。相较人工分级，机械分级能有效规避果实大小误差，确保果品直径等指标精准，保证了商品的标准化和一致性（图 33）。但是，机械分级后果实容易产生出水现象，需注意保持干燥，同时注意分级设备放置及维护，定期进行清洗。

表 2　二都杨梅鲜果质量感观和理化指标

<table>
<tr><th>项目</th><th>品种</th><th>特级</th><th>一级</th><th>二级</th></tr>
<tr><td rowspan="2">基本要求</td><td>深红种</td><td colspan="3" rowspan="2">果形端正，具有该品种固有的特征；果面整洁，无病斑、无虫粪、无灰尘、无霉变；达到商品成熟，具有该品种成熟时应有的色泽和特有风味，口感甜中带酸，无异味</td></tr>
<tr><td>水晶种</td></tr>
<tr><td rowspan="2">果面</td><td>深红种</td><td rowspan="2">伤痕占果面 10% 的果实数量不超过总数的 2%</td><td rowspan="2">伤痕占果面 10% 的果实数量不超过总数的 5%</td><td rowspan="2">伤痕占果面 10% 的果实数量不超过总数的 8%</td></tr>
<tr><td>水晶种</td></tr>
</table>

续表

项目	品种	特级	一级	二级
肉柱	深红种	肉柱发育充实，顶端呈圆钝形，无肉刺	肉柱顶端呈圆柱形或少量尖锐形	肉柱允许呈尖锐形，带轻微肉刺
	水晶种			
单果重（g）	深红种	≥ 18	≥ 16	≥ 14
	水晶种	≥ 20	≥ 18	≥ 16
可溶性固形物（%）	深红种	≥ 10.5		
	水晶种			
总酸（以柠檬酸计）（g/kg）	深红种	≤ 15		
	水晶种			

图 33　杨梅人工分级与机械分级

（五）贮运

杨梅果实采后变质的主要内因之一是呼吸作用逐渐变强，从而释放大量乙烯，细胞组织逐渐衰老，贮藏期仅有 1 ～ 2 天。当前，最为常用和有效的保鲜方法是低温贮藏。杨梅采摘后应放置阴冷处或空调房 2 ～ 4 小时预冷，减少表面热量，或将杨梅放进冷库预冷至 2℃。研究表明，通过放置触媒材料也可以有效降低杨梅果实坏果率。

在运输环节，采用低温冷藏车运输，冷藏温度 1 ～ 5℃。冷藏车应行车平稳，减少颠簸和剧烈振荡；装卸货时应轻装轻卸，车厢内温度控制在 8℃以下，并尽量缩短装卸货时间。杨梅果实从包装场到达销售端运输期不宜超过 48 小时；运达后应及时销售，其间不宜再次分装。

（六）精深加工

杨梅深加工产品多种多样，这些产品不仅丰富了杨梅的应用形式，还提升了杨梅的附加值。

1. 杨梅酒　杨梅酒是以杨梅为原料，通过发酵或浸泡等工艺制成的果酒。原料杨梅需新鲜成熟、无病虫害；发酵或浸泡过程中需控制温度、湿度和时间，以保证酒体的风味和品质；成品酒需达到一定的酒精度和口感要求。

2. 杨梅干　杨梅干是将杨梅经过腌制、日晒或烘干等工艺制成的干果制品。原料需选择肉质厚、果形大且成熟适度的杨梅；加工过程中需严格控制腌制时间、日晒条件或烘干温度，以保证产品的口感和品质。

3. 杨梅果汁　杨梅果汁是以杨梅为原料，经过压榨、过滤、杀菌等工艺制成的饮料。原料杨梅需充分成熟且品质优良；加工过程中需保持果汁的新鲜度和营养成分；成品果汁需达到一定的糖度和酸度比例，以保证口感和风味。

4. 杨梅罐头　杨梅罐头是将杨梅经过处理、装罐、密封、杀菌等工艺制成的罐装食品。原料需选择九成熟、果实完整、色泽鲜艳的杨梅；加工过程中需严格控制装罐量、排气密封压力和杀菌冷却时间；成品罐头需符合相关质量标准，如色泽均匀、风味纯正、无异味等。

5. 杨梅酥 杨梅酥是一种将杨梅泥包裹在面团中，经过高温烘焙制成的糕点类食品。杨梅泥需细腻无杂质；面团配方需合理，以保证酥皮的口感和层次；烘焙过程中需控制温度和时间，避免过度上色或烤焦。

6. 杨梅果酱 杨梅果酱是将杨梅经过破碎、去核、熬煮等工艺制成的浓稠状调味品。原料需新鲜且品质优良；熬煮过程中需控制火候和时间，以保证果酱的浓稠度和口感；成品果酱需无杂质、无异味且符合相关卫生标准。

除了上述几种常见的杨梅深加工产品外，还有杨梅酵素、杨梅醋、杨梅冰淇淋等多种产品。这些产品的加工方法和要求各不相同，但总体上都需要严格控制原料品质、加工工艺和产品质量标准（图 34）。

图 34　丰富多样的杨梅加工产品

第5章 主要病虫害防治

一、病虫害综合防治

（一）强化果园精细化管理

优化果园管理措施，及时摘除检测出的病果，并立即清理园内落地的果实与叶片，通过焚烧或深埋处理，有效减少越冬病原菌基数。在3月中下旬，针对花开过盛情况，采取人工疏枝措施，促进树体分枝健康生长。为提升果实品质与产量，推荐实施2～3轮精细人工疏果，依据果实发育阶段（盛花后20天果实直径约0.5 cm，盛花后30～35天果实直径约1.0 cm），剔除小果、病劣果及过密果，确保果实迅速膨大前完成最终疏果，每果枝保留1～2个优质果。根据杨梅产量调整树冠上部疏果密度，以平衡树体负载。同时，维持适宜的果树种植密度，以显著降低杨梅生产后期白腐病的发病率。

（二）推广避雨栽培技术

鉴于杨梅成熟期多雨的气候特点，推广避雨栽培技术，通过降低树体与果实间的湿度环境，有效预防白腐病等病害。研究证实，大棚栽培杨梅不仅具备显著的避雨效果，还能大幅降低病虫害发生率，其病果率仅为0.31%，远低于露地栽培的17.60%。建议在采收前40～50天安装防虫网，并于采收前15天即梅雨季节前启动避雨措施。针对前期雨水丰沛情况，需提前规划并落实应对措施。大风大雨前后，全面检查并加固设施，采收结束后及时拆除。日常管理中，确保进出时关闭防虫网，防止害虫入侵。网室避雨栽培模式能有效隔离杨梅果蝇等害虫，进一步降低白腐病发病率。

（三）实施科学施肥策略

针对浙江省杨梅主产区土壤偏酸（pH值3.97～6.15）且有机质含量普遍不高的现状，结合杨梅生长适宜土壤pH值范围（4.5～6.0），采取土壤环境调节措施。根据杨梅不同生长阶段与营养需求，精准追施有机肥与钾肥，提升树体抗病能力。优先选用饼肥、绿肥、厩肥、草木灰、焦泥灰等有机肥及腐植酸类肥料，并适量配施硫酸钾型复合肥，以优化土壤结构，促进根系健康发育。

（四）采用精准化学防治

鉴于病虫害的多样性与严重性，实施化学防治时需严格遵循安全环保原则，选用高效、低毒、低残留的农药品种，特别是优先考虑植物源与生物源农药，以减少对环境的负面影响。根据病虫害种类及发生情况，精准施药，实现农药使用量的有效减控。

（五）生物防治与物理防治综合应用

为保护果园生态平衡，在杨梅生长季节内，综合运用太阳能杀虫灯、黄色粘虫板、糖醋液诱虫等物理防治手段，有效控制害虫数量。同时，应用枯草芽孢杆菌等生物制剂，通过根系或叶面喷施，增强杨梅树体的自然防御能力，实现病虫害的生物防治，共同构建健康、可持续的果园生态系统。

二、主要病害防治关键技术

（一）凋萎病

1. 症状　凋萎病属于杨梅系统性病害，主要包括以下三种类型：一是黄化落叶型，表现为叶片黄化、脱落，落叶后叶痕处长有白色霉状物；二是青枯型，表现为叶片首先出现似开水烫过的伤，后急速青枯；三是枯梢型，表现为小枝及叶片枯黄，叶片枯黄后挂在枝上暂时不落，严重时树冠像火烧一样（图 35、图 36）。

a. 春季枝梢凋萎（不落叶）

b. 春季树皮开裂

c. 夏梢抽发期开始发病

d. 病叶脱落后叶痕处长出白毛

e. 病枝木质部和韧皮部颜色变暗

f. 秋季病树出现大量落叶

g. 发病 2 ～ 3 年后出现整株枯死现象

图 35　杨梅凋萎病的主要病症

图 36　杨梅凋萎病前后期果园对比

2. 发生规律　该病病原菌为异色拟盘多毛孢（*Pestalotiopsis versicolor*）和小孢拟盘多毛孢（*Pestalotiopsis microspora*）。发病时间从夏末、秋初开始，9 月至翌年 3—4 月集中暴发，翌年春季病症减轻，连续反复 2 ~ 4 年整树枯死。9—10 月雨水多、湿度大时，落叶后的叶痕位置有白色绒毛状菌丝长出，有时会蔓延到枝干上，枝条伤口处也会出现这种菌丝。发病部位木质部受害，呈褐色至深褐色。枝条枯死始于小枝，以后蔓延到侧枝，直至主枝、树干全部枯死，并伴随枝干韧皮部开裂。根部发病从须根等小根开始，逐渐向较粗根系蔓延，病部发黑，并腐烂发臭，发病严重植株根系可全部坏死。高温多雨是病害迅速蔓延的主要因素。生长旺盛树比弱树更易发病，幼树发病较重，1 ~ 2 年即可导致整株枯死。立地条件差、管理水平低或挂果多的植株，从发病到枯死时间亦短。杨梅品种间感病性有明显差异，如东魁杨梅最易感病，荸荠种次之，水晶杨梅等感病少（图 37）。

图 37　杨梅凋萎病不同病情等级

3. 防治方法

（1）加强土肥管理。提倡自然生草栽培，清除多年生灌木，全年在采收前及伏旱前刈割 2 ～ 3 次覆园。有条件的也可利用行间隙地撒播紫花苜蓿等绿肥，增加土壤有机质。冬季沟施或穴施生物有机肥做基肥，10 年以下树龄，株施 5 ～ 10 kg，树龄 10 年以上的株施 10 ～ 20 kg。2—3 月追施一次杨梅专用全价缓释肥，株施 2 ～ 4 kg，或者增施黄腐酸钾型有机肥，株施 0.5 ～ 1.0 kg。

（2）加强树体土肥管理。使用 3 ～ 5 波美度的石硫合剂清园。对发病枝梢进行清理，每隔 1 ～ 2 小时用 75% 酒精擦拭剪刀，短截病枝至健康部位，剪下的病枝带出果园做无害化处理，注意伤口保护。整形修剪时，修剪后的伤口直径大于 3 cm 的，宜选用咪唑类或三唑类杀菌剂为药效成分的伤口愈合剂为佳，涂抹厚度 3 ～ 5 mm，与伤口横截而垂直的树皮也需要涂抹 3 ～ 4 cm 长度的上述伤口愈合剂（图 38）。对健壮成年树，大枝修剪时不宜过重，采用拉枝、撑枝、弯曲等方法整形，保持树冠通风透光，保留内膛枝、下垂枝、平生枝结果，严格控制产量，平衡生殖生长与营养生长之间的关系。

（3）化学防治。在春梢生长期和秋梢生长期，采用 25% 咪鲜胺乳油或 50% 异菌脲可湿性粉剂喷雾。果实成熟前半个月左右，采用 25% 吡唑醚菌酯悬浮剂喷雾。果实全部采摘，及时采用 10% 苯醚甲环唑水分散粒剂或 25% 丙环唑水乳剂喷雾。冬季修剪时，采用 10% 苯醚甲环唑或 25% 丙环唑喷雾。

（4）生物防治。在杨梅生长季宜选择含芽孢杆菌、木霉菌的微生物制剂，于树冠滴水线沟施，深度 10 ～ 20 cm，及时覆土。

图 38　杨梅修剪后伤口涂药保护

（二）衰弱病

1. 症状　衰弱病属于杨梅系统性病害，主要表现为：4月底至5月初开始发病，表现为春梢枝中下部叶片绿色开始变浅，7月中旬叶片叶肉变斑驳黄色至全黄色，叶脉变黄绿色，最后整个叶片包括叶脉变成暗红色，8月中下旬开始脱落，至11—12月底大量脱落，树冠外围顶端有少量叶片暂存，但叶色暗绿无光泽，结果量较多，但是果实小而酸，没有商品价值，病树的病情逐年加重直至死亡。叶片脱落量达到树体总量50%左右的衰弱病树与健康树相比，杨梅健康树枝梢内部韧皮部是浅绿色，木质部为白色，而衰弱病发病枝梢内部、韧皮部变褐色，木质部颜色略加深。杨梅健康树的须根较多，而病树的须根较少，杨梅健康树粗根的韧皮部为浅绿色，木质部为淡褐色，而病树大部分粗根的韧皮部和木质部变为黑色或者深褐色，只有少部分树根还维持健康。健康树土壤内白色的须根较多，而病树土壤内几乎看不到白色的须根（图39）。

根据病情观察发现，绍兴上虞地区杨梅衰弱病发病情况最为严重，感病品种为二都深红种、东魁种和少量荸荠种，感病区域主要集中在驿亭镇与周边乡镇（街道）。其中以驿亭镇杨溪村，新杨梅村冯家、应家一带，二都村后头山一带病害严重，其感染率超65%，重症率15%～35%，严重区块感染率超72%，重症率超55%；新横塘村横塘一带也较为严重，感染率超60%，重症率达27%。丰惠镇以与驿亭镇接触的陈夏谢村最为严重，面积700余亩，感染率接近65%，重症率在

24% 左右。梁湖街道以潘家陡村一带为主，面积 1300 余亩，感染率 20% 左右，重症率 15% 左右。上浦镇也有零星发现，发病率约 18%。

A 健康杨梅树，B 健康杨梅枝，C 斑驳黄色的病叶，D 枝梢中下部叶片变黄变红，E 老熟叶片脱落的病树，F 中下部老熟叶片脱落的病枝，G 果实小而多，H 健枝斜切面，I 病枝斜切面，J 健根，K 病根，L 健根斜切面，M 病根斜切面，N 健树根围土，O 病树根围土

图 39　杨梅衰弱病症状

2. 发生规律　杨梅衰弱病的发病规律主要与其病原和土壤环境有关，土壤板结、透气性差等土壤问题导致树体根系长

势差，树体衰弱，抗性降低，从而引发或加重衰弱病。

3. 防治方法

（1）加强土壤管理。杨梅根际土壤 pH 值低于 5.0 时，冬季（11—12 月）增施生石灰，调节土壤 pH 值至 5.0 ～ 6.5。提倡自然生草栽培，清除多年生灌木，全年在采收前及伏旱前刈割 2 ～ 3 次覆园。有条件的也可以利用行间间隙地撒播苜蓿等绿肥，增加土壤有机质。也可在树冠底下撒播紫花苜蓿、三叶草、紫云英等植物，在间作植物开完花后 1 周内翻至土壤内，深度为 10 ～ 20 cm。

（2）加强肥料管理。针对树势衰弱病病情指数在 5 级及以上的杨梅树，在 11 月选择以羊粪为主要成分的生物有机肥（$N+P_2O_5+K_2O \geqslant 5\%$、有机质 ≥ 45%、腐植酸 ≥ 7%、有效活菌数 ≥ 0.2 亿 /g）作为基肥使用，沿树冠滴水线处开沟施肥，宽度 10 cm 左右、深度为 10 ～ 20 cm，盛果期果树每株施用 10 ～ 20 kg，与土壤混合均匀，然后覆盖土壤。针对树势衰弱病病情指数在 3 级及以下的杨梅树，在 11 月选择生物炭基肥（猪粪炭和水稻秸秆炭，添加量为 15%，有机质 ≥ 45%，$N+P_2O_5+K_2O \geqslant 20\%$）作为基肥使用，在树冠滴水线处挖环状沟，宽度 10 cm 左右、深度为 10 ～ 20 cm，盛果期果树每株施用 5 ～ 10 kg，并与土壤混合均匀，然后覆盖土壤。在衰弱病杨梅果实膨大期和转色期喷雾氨基酸水溶肥料［游离氨基酸 ≥ 100 g/L、（螯合态）铁 + 锌 + 锰 + 硼 ≥ 20 g/L、总有机物含量 ≥ 500 g/L］，每株均匀喷雾至叶片正、反面滴水为止。

（3）注重修剪调节。修剪时大枝轻回缩，小枝全面更新，弱树冬剪以重回缩为主；轻度短截生长势较弱的中、长果枝。保留向上的斜生枝或直立枝，回缩结果枝组，疏除下垂枝。树冠不完整的衰老树，要充分利用徒长枝，培养新树冠。疏花疏果，合理负载。

（4）化学防治。杨梅果实采摘后（当年 7—8 月），选择 50% 吡唑醚菌酯、45% 咪鲜胺或者 25% 嘧菌酯，浇施前先把树冠下土壤翻松，然后每株病树用 60 kg 稀释药液浇施土壤。每年可轮换或交替使用上述药剂，严控多效唑的使用，施用后冬季要注意补充羊粪等有机肥（表 3）。

表 3　杨梅衰弱病树土壤处理建议用药

用药时间	药剂种类	稀释倍数	备注
杨梅果实采摘后（当年 7—8 月）	50% 吡唑醚菌酯水分散粒剂	750 倍液	杨梅登记用药
	45% 咪鲜胺水乳剂		杨梅登记用药
	25% 嘧菌酯悬浮剂		杨梅登记用药
	10% 苯醚甲环唑水分散粒剂		使用方法按照 NY/T 1276 和 NY/T 393

（三）肉葱病

1. 症状　杨梅肉葱病，俗称杨梅火、肉柱分离病、肉柱萎缩病等，是杨梅果实上的发病率较高生理性病害。幼果期，在果核的缝合线上，部分肉柱沿缝合线与果核分离，肉柱萎缩表现出短、细、尖的现象，部分肉柱表现为向外凸出，类似果实上的小花。成熟期，随着果实的成熟，发病部位可能变得较平坦或轻微凹陷，色泽变成焦黄色或黄褐色，去掉分离的肉柱

图 40　杨梅肉葱病

后，可见果核发病部位呈黑褐色（图 40）。

2. 发生规律　该病一般在硬核后到果实成熟时最为明显。一般树势长势过旺的树冠中、下部，或树势健壮结果较多的树，或发生树体衰弱的树，以及土壤有机质缺少，出现缺硼、缺锌病的树，发病较为严重。天气干旱时间长或突遇雨水期，导致果核与果肉生长不成正比，果肉生长过快而果核跟不上，造成果肉相互挤压，部分果肉脱离果核。东魁杨梅果实的发病率相对较高。

3. 防治方法

（1）加强田间管理。控制树势，避免树势过旺或过弱。弱树在采果后，及时增施有机肥和钾肥，增强树体抵抗力。强树在果实膨大期，及时疏删树冠顶部直立或过强的春梢，保持通风透光。

（2）合理施肥。增施有机肥和钾肥，同时在谢花后至果实成熟前 1 个月，喷施高美施 600 ～ 800 倍液 3 次，补足微量元素。

（3）控梢控果。合理修剪春梢和秋梢，使枝条修剪层形明显，提高树冠中下部的通风透光性。适当疏花疏果，严格控制结果量，及时摘除发病果，减少养分消耗和病害传播。

（4）其他措施。加强果园的排水和灌溉管理，避免果园长时间积水或干旱。定期检查果园内的病虫害情况，及时发现并处理病树和病果。

（四）裂核病

1. 症状　杨梅裂核病是杨梅果实上较为常见的生理性病害。其症状主要表现为果实核部的开裂，分为横裂和纵裂两种方式。其中，横裂以裸露的核为缺口，肉柱向两头断裂成团，且上部肉柱组织松散，下部肉柱组织仍然紧密，外露的核呈褐色。纵裂肉柱左右上下无规则松散开裂，果核大面积外露，失水枯干，是肉柱坏死症（肉葱病）衍生的结果。裂核以缝合线处开裂占绝大多数，核和核仁变成灰状的枯干果掉落地上（图 41）。

图 41　杨梅裂核病

2. 发生规律　该病一般在果实膨大期最为明显。幼果期在特定气候条件如倒春寒之后发生较多，树势衰弱的杨梅树更易发生。同时与肉葱病等病害同时存在，相互影响。

3. 防治方法

（1）加强田间管理。控制树势，避免树势过旺或过弱。加强修剪，改善树冠通风透光条件。加强疏果，控制结果量。

（2）合理施肥。在开花前或开花后，用 1% 的过磷酸钙浸出液（浸24小时，并滤去杂质）喷施叶面，喷2～3次，以促进杨梅种核的发育。减少多效唑使用频率和次数。

（3）及时采收。在果实成熟后及时采收，避免果实过熟导致裂核。清理落地果，减少病源基数。

（4）其他措施。加强对肉葱病等与裂核病相关联病害的防治，采取综合措施降低病害发生风险。

（五）白腐病

图42　杨梅白腐病

1. 症状　白腐病又称白腐烂，俗称烂杨梅，主要为害杨梅果实（图42）。初期表现为外叶尖呈条状或叶尖向下发黄，然后逐步扩展到叶鞘或内叶。此时，杨梅植株生长状况不良，相对瘦弱。病情进一步发展，会蔓延至整个植株，导致杨梅整个植株矮化变黄，甚至枯死。将病害植株拔出后，能够看到鳞茎已经腐烂呈黑色，田间成片枯死，形成病窝。在杨梅成熟期，白腐病还会导致果实腐烂，果实上会出现白色的霜层，随着湿度和温度的增加，霜层逐渐变大，最终导致果实腐烂掉落。

2. 发生规律　一般发生在杨梅成熟期，主要由白腐小核菌（*Sclerotium cepivorum*）侵染所致，也可由青霉菌和绿色木霉菌等其他病原菌引起。病菌喜低温高湿环境，低温20℃以下，湿度大于 90% 时容易流行。当遇雨季时，病害扩展迅速。树势衰弱杨梅更易发病，连作田块也易发病。

3. 防治方法

（1）改善立地条件。选择排水性良好的山坡地种植杨梅，有利于减少积水，降低病害发生。架设避雨设施，减少雨水对果实的直接冲刷。

（2）合理施肥。减少化肥使用，注意有机肥的施用和氮、磷、钾肥的施用比例，防止偏施氮肥造成果树生长过旺。

（3）加强田间管理。及时修剪病虫枝、旺长枝，改善通风条件。保持杨梅树南面适当遮阳，北面修剪通透，提高果树光合能力。及时疏花疏果，保证结果数量适中，避免果树负载过大。

（4）防虫网隔离。在采收前一个月左右，搭建防虫网帐，切断病虫害的传播途径。

（六）褐斑病

1. 症状　褐斑病俗称杨梅红点，主要为害杨梅叶片。初期在叶面上出现针头大小的紫红色小点，这些小点随后逐渐扩大为圆形或不规则形的病斑（图 43）。病情进一步发展，病斑的中央逐渐转变为浅红褐色或灰白色，而边缘则保持褐色或灰褐色。在病斑的中央，后期会长出黑色的小点，这些是病菌的子囊果。随着病情的加重，病斑会逐渐联结成大的斑块，导致病叶干枯并最终脱落。受害严重时，全树的叶片会落光，仅剩秃枝。

图 43　杨梅褐斑病

2. 发生规律　杨梅褐斑病一年发生一次，无再次侵染现象。该病害由属子囊菌亚门真菌引起。病菌以子囊果在落叶或树上的病叶中越冬，翌年春季形成子囊孢子，并通过风、雨、水等媒介传播，从叶片的气孔或伤口侵入。病菌侵入后，一般经过 3 ～ 4 个月的潜伏期，于 8 月中旬开始出现新病斑，10 月下旬病斑数迅速增加，病情加重。多雨潮湿的气候条件是该病发生和流行的重要因素，特别是梅雨季节，雨水多、湿度大，为病菌的传播和侵染创造了有利条件。此外，栽培管理粗放、土壤贫瘠、排水不良、通风透光差等因素也会加重病害的发生。

3. 防治方法

（1）加强田间管理。增施有机肥和钾肥，减少氮肥施用，提高树体抵抗力。控制树势，合理修剪枝条，保持通风透光。加强冬季清园，及时剪除病虫枝，喷施 3 ～ 5 波美度石硫合剂，减少越冬病源。

（2）化学防治。可选用 80% 代森锰锌可湿性粉剂、33.5% 喹啉铜悬浮剂等多种杀菌剂进行防治。在病害发生初期相隔 10 ～ 15 天连续喷药 3 次，采果后再喷 1 ～ 2 次。对于发病较重的果园，可在春梢生长后期增加喷药次数，并在采果后再加喷一次药。喷药时应均匀喷雾于叶片的正反两面，确保药液覆盖到整个叶片表面，同时要注意药剂的轮换使用，避免产生抗药性。

（七）枝腐病

1. 症状　主要为害杨梅枝干。初期病部呈红褐色，略隆起，组织松软，用手指轻压病部即可下陷。皮层病部呈红褐色，稍隆起，组织松软，提早衰败。病情加重后，病部失水干缩，变为黑褐色，并向下凹陷，形成明显的凹陷状（图 44）。病部表面密生黑色小粒点，这些小粒点上长有细长的刺毛，状似白絮包裹。当病斑环绕枝干一周时，枝干即枯死，严重时会导致整个树体提前衰败。

图 44　杨梅枝腐病

2. 发生规律　该病害由真菌引起，病菌在病残体上越冬。病菌主要通过枝干伤口、裂缝或新梢与基枝的节间侵入发病。雨天潮湿时，枯枝上的病斑吸水，分生孢子从孔口溢出，借助风雨扩散，进行再侵染。发病程度与雨量成正比关系，雨水多、果园潮湿、管理粗放、树势较弱时发病较严重。

3. 防治方法

（1）加强田间管理。增施有机肥和钾肥，避免偏施氮肥，培育健壮的树体。合理修剪，改善果园通风透光性，减少果园湿度。做好冬季清园，喷施 3 ～ 5 波美度石硫合剂，及时剪除病梢，以减少病菌侵染源。

（2）化学防治。在春梢抽生初期至果实成熟前，选用 65% 代森锰锌可湿性粉剂、33.5% 喹啉铜悬浮剂等，间隔喷施 2 ～ 3 次，交替使用以提高防治效果。

（3）树体保护。在修剪过程中避免损伤树皮，及时用伤口保护剂涂抹伤口，避免真菌侵染。

（八）癌肿病

1. 症状 杨梅癌肿病，又称杨梅溃疡病或杨梅疮，主要为害杨梅的枝干，特别是结果树的枝干，而幼树和苗木发病较少。其主要症状表现如下：初期发病部位产生乳白色小凸起，表面光滑。病情进一步发展，小凸起逐渐增大形成肿瘤，表面变得粗糙或凹凸不平，木栓质化，颜色变为褐色或黑褐色。肿瘤呈球形，最大的直径可达 10 cm 以上。后期一个枝条上肿瘤的数量不等，少则 1 ～ 2 个，多则 4 ～ 5 个或更多，一般在枝条的节部位发生较多。小枝被害后，常造成肿瘤以上部位枯死（图 45）。

2. 发生规律 病原为丁香假单胞菌杨梅致病变种

（*Pseudomonas syringae pv. myricae*），属细菌。病菌主要在枝干肿瘤内越冬，春季湿度大时，肿瘤表面溢出菌脓，借风雨、昆虫等传播，从寄主叶痕或伤口处侵入。一般在 4 月底至 5 月初开始侵入，在 20 ～ 25℃条件下，经 30 天左右的潜伏期后开始出现症状，6 月下旬至 8 月上旬为发病高峰期。

图 45　杨梅癌肿病

3. 防治方法

（1）加强田间管理。做好冬季清园，喷施 3 ～ 5 波美度石硫合剂，对大枝上的肿瘤，可用利刀将肿瘤削掉后，用硫酸铜 100 倍液对伤口进行消毒，然后外涂伤口保护剂。

（2）做好植物检疫。对杨梅进行病害检疫，于春梢抽生前，全面喷 1 次波尔多液。

（九）赤衣病

1. 症状　杨梅赤衣病主要为害枝干。发病初期，枝干背光面树皮上会出现极薄的银白色或粉红色脓泡状物，这些脓泡状物会逐渐转变为痘疮状小泡，并连成长条状病斑。随着病情的发展，病斑上会逐渐覆盖一层粉红色的霉层。被害处逐渐蔓延扩大并龟裂成小块，导致上部叶片发黄并枯萎，树势衰退，果实变小，最后枝条枯死，甚至全株枯死（图 46）。

图 46　杨梅赤衣病

2. 发生规律　病原由担子菌亚门层菌纲非褶菌目伏革菌侵染引起。随风雨传播，从树体伤口侵入为害并向四周蔓延扩展。一般在 3 月中旬开始发病，4—6 月为盛发期，11 月后转入休眠。高峰期分别为 5 月下旬、6 月和 10 月。该病发生与降雨有密切联系，土壤水分含量过高果园发病情况则更为严重。

3. 防治方法

（1）加强田间管理。增施有机肥和钾肥，提高树体抗病力。注意果园排水，避免积水导致病害加重。做好冬季清园，喷施 3 ～ 5 波美度石硫合剂，及时剪除病梢，以减少病菌侵染源。

（2）做好植物检疫。对杨梅进行病害检疫，于春梢抽生前，全面喷 1 次波尔多液。

（十）根腐病

1. 症状　根腐病主要为害杨梅根系。症状主要表现为两种。一是急性青枯型，初期症状不甚明显，仅在树体枯死前两个月有所表现。主要表现为叶色褪绿、失去光泽，树冠基部部分叶片变褐脱落。如遇高温天气，树冠顶部部分枝梢会出现失水萎蔫，但次日清晨又能恢复。在 6 月下旬至 7 月下旬采果后，如气温剧升，常会引发树体急速枯死（图 47）。枯死的病树叶色淡绿，并陆续变红褐色脱落，偶剩少量绿色枯叶，但翌年不能萌芽生长。二是慢性衰亡型，发病初期，树冠春梢抽生正常，而秋梢很少抽生或不抽生，地下部根系须根及根瘤较少，逐渐变褐腐烂。后期病情加剧，叶片变小，树冠下部叶大量脱落，在落叶的枝梢上常有簇生的盲芽。在高温干旱季节的中午，树冠顶部枝梢呈萎蔫状，最后叶片逐渐变红褐色而干枯脱落，枝梢枯死，树体有半株枯死或全株枯死。

图 47　根腐病

2. 发生规律　根腐病的病原体为葡萄座腔菌（*Botryosphaeria dothidea*）。病害首先从杨梅根群的须根上发生，后向侧根、根颈及主干扩展蔓延。在病根的横断面上可见两个褐色坏死环，即为根的形成层和木质部维管束变褐坏死的环，最后导致树体衰败直至枯死。急性青枯型主要发生在 10 ～ 30 年生的盛果树上，占枯死树的 70% 左右，从发病到枯死需要 1 ～ 2 年；慢性衰亡型主要发生在衰老树上，从出现病症到全树枯死，需 3 ～ 4 年。该病的发生与栽培管理无直接相关性，管理精细、生长茂盛的杨梅树也同样可能患病死亡。此外，多年连续重茬种植的地块和连续的阴雨天气都会增加病害的发生和为害程度。

3. 防治方法

（1）加强田间管理。增施有机肥和钾肥，增强树势，控制负载量，提高树体抗病力。改善土壤质地，适当增加砂砾土，改善土壤理化性状，提高土壤通透性。做到干旱时灌水，雨季时排水，防止积水。

（2）清理病害源。将病株挖出并集中烧毁，减少病原。彻底清理果树周围的杂草和残留物，减少病菌的滋生。

（3）化学防治。使用微生物菌剂进行灌根或叶面喷施，以增强植株的抗病能力。

三、主要虫害防治关键技术

（一）果蝇

1. 为害症状　果蝇主要为害杨梅果实。受害果实表面凹凸不平，果汁外溢，外观品质下降。同时，由于果蝇的活动，果实还容易被病菌感染，进一步影响果品的内在品质（图 48）。果蝇在杨梅果实上产卵，幼虫孵化后取食果肉，导致果实腐烂、落果，从而降低杨梅的产量。果蝇的为害不仅降低了杨梅果实的商品价值，还增加了果农的病虫害防治成本，造成经济损失。

图 48　杨梅果蝇

2. 生活习性　果蝇在杨梅生长期内各虫态并存，但主要为害期集中在杨梅果实成熟期，即 6 月中下旬和 7 月中下旬。这两个时期是果蝇的暴发期，成虫数量多，为害严重。清晨和黄昏是果蝇成虫的活动高峰期。此时，成虫在果园内飞翔、觅食、交配和产卵。果蝇主要栖息在具有发酵物、潮湿阴凉的生态环境中。因此，杨梅果园内的腐烂果实、杂草堆等地方容易成为果蝇的栖息地。

3. 防治方法

（1）加强果园管理。合理施肥灌水，增强树势，提高树体抵抗力。科学修剪，剪除病残枝、过密枝，保持通风透光，保持果园适当的温、湿度。结合修剪，清理果园内的腐烂果实、杂草等杂物及发酵物，减少虫源。

（2）黄板及灯光诱杀。虽然果蝇对黄色不是特别敏感，但在杨梅果实成熟期间，将黄色粘虫板直接悬挂于结果树内膛枝上，每隔一株挂一张，对防治果蝇成虫仍有一定效果。也可在杨梅果园内安装杀虫灯，利用果蝇的趋光性进行诱杀。

（3）趋化性诱杀。利用果蝇成虫的趋化性，配制诱饵进行诱杀。如用敌百虫、糖、醋、酒、清水按 1∶5∶10∶10∶20 的比例配制成诱饵液，置于果园内诱杀成虫。定期清除诱虫钵内的虫子并更换诱饵（图 49）。

图 49　食源诱控杨梅果蝇

（4）熏烟防治。在杨梅果实硬核着色期至成熟期，用 1.82% 胺・氯菊酯熏烟剂按一定比例兑水后进行地面喷烟，熏杀杨梅果蝇成虫。

（5）保护天敌。保护杨梅果园内的蜘蛛网等天敌资源，利用天敌捕食果蝇成虫和幼虫。

（二）蓑蛾类

1. 为害症状　杨梅蓑蛾主要为害杨梅的叶片，不同种类的蓑蛾对叶片的损害方式略有不同。大蓑蛾主要啃食叶片，严重时会使叶片仅剩叶柄和叶脉，影响光合作用，进而影响杨梅树的生长和果实的发育。小蓑蛾同样以叶片为食，受害叶片常

图 50　蓑蛾

变为红色，严重时会导致叶片提早脱落，影响杨梅树的整体健康。白囊蓑蛾也是以叶肉为食，使被害叶变红色并提早脱落，严重时对杨梅树的生长构成严重威胁（图 50）。

2. 生活习性　杨梅蓑蛾的生活习性因种类而异，但大致可以分为以下几个阶段：卵期雌虫将卵产于护囊内或叶片上，卵孵化后形成幼虫。幼虫期幼虫在护囊内或外取食叶片，随着虫龄的增长，护囊也会逐渐变大。不同种类的蓑蛾幼虫期长短不一，但都会经历多次蜕皮。幼虫老熟后，会寻找合适的地方化蛹，准备羽化为成虫。成虫具有飞行能力，雄虫会寻找雌虫进行交配，雌虫则在护囊内产卵。杨梅蓑蛾的发生代数因种类和地区而异，在绍兴地区一般大蓑蛾一年发生 1 代，小蓑蛾一年发生 2 代，白囊蓑蛾一年发生 1 代。它们的发生高峰期主要集中在夏季和秋季，此时是防治的关键时期。

3. 防治方法

（1）人工摘除护囊。在幼虫为害初期，及时摘除护囊并杀死幼虫，可以有效降低虫口密度。同时，冬季结合修剪工作，剪除越冬幼虫护囊，集中销毁，以减少来年的虫源。

（2）化学防治。在幼虫孵化盛期和幼虫期，选用合适的化学药剂进行防治。常用的药剂有 90% 敌百虫 1000 倍液、80% 敌敌畏乳剂 1000 倍液、50% 马拉松乳剂 1000 倍液等。

喷药时间以傍晚为佳，此时幼虫活动频繁，药效更好。喷药时要求树冠内外、上下都能喷到，以确保防治效果。

（3）生物防治。利用天敌进行生物防治也是一种有效的方法。蓑蛾幼虫常被瘤姬蜂、姬蜂和追寄蝇等多种天敌所寄生，寄生率为50%以上。因此，在防治过程中要注意保护天敌，避免大量使用广谱性化学农药。

（4）物理防治。利用黑光灯或性信息激素诱杀雄成虫也是一种有效的物理防治方法。通过诱杀雄成虫可以减少交配机会从而降低雌虫的产卵量进而减少幼虫数量。

（三）卷叶蛾类

1. 为害症状 杨梅卷叶蛾主要为害杨梅的嫩叶和新梢，种类包括小黄卷叶蛾、拟小黄卷叶蛾、褐带长卷叶蛾、拟后黄卷叶蛾等（图51）。其幼虫在初展嫩叶端部或嫩叶边缘吐丝，缀连叶片呈虫包，潜居缀叶中食害叶肉。受害后，杨梅新梢的生长受到严重影响，枝条抽生伸长困难，生长缓慢，树势转弱。为害严重时，新梢会呈现一片红褐焦枯的状态，严重影响了杨梅树的健康和产量。

图51 卷叶蛾

2. 生活习性 在绍兴地区，卷叶蛾一年发生6代，主要发生期在5月底至6月中旬和7—8月。其幼虫在顶端新生的幼嫩叶片上吐丝结成一团，幼虫卷于其中食害叶肉。幼虫头部褐色，身体其余部位青绿色，体长 1 ～ 2 cm，活泼好动，遇惊会迅速向后跳动并吐丝下垂。老熟后，幼虫在卷叶内结茧化蛹。成虫具有飞行能力，进行交配和产卵活动。

3. 防治方法

（1）农业防治。及时中耕除草，增施有机肥和钾肥，加强通风透光性修剪，促进树体强健，提高抗逆能力。在杨梅树生长期间，定期检查叶片和嫩梢，发现卵块、幼虫和蛹及时摘除并销毁。加强冬季清园，及时剪除虫苞及过密枝，扫除落叶，铲除园边杂草，减少越冬虫口。

（2）化学防治。在越冬幼虫出蛰盛期，结合其他害虫的防治，可喷施 80% 敌敌畏 800 倍液或菊酯类等农药，消灭出蛰幼虫。幼虫期可喷施 5% 锐劲特悬乳剂 1500 ～ 2000 倍液、10% 吡虫琳乳油 1000 倍液、20% 杀灭菊酯乳油 2000 倍液等多种农药进行防治。注意轮换用药，避免害虫产生抗药性。

（3）物理防治。用糖醋液（红糖 5 份：黄酒 5 份：食醋 20 份：水 80 份混合）或黑光灯诱杀成虫和幼虫。

（4）生物防治。利用寄生蜂对卵、幼虫、蛹的寄生来进行防治。也可以利用食蚜蝇、绿边步行虫的幼虫和成虫、瓢虫、草蛉等天敌捕食卷叶蛾幼虫。

（四）夜蛾类

1. 为害症状　杨梅夜蛾主要为害杨梅的叶片和果实。其幼虫会啃食杨梅的叶片，导致叶片出现缺刻或孔洞，严重时甚至会将叶片吃光，影响杨梅树的光合作用和正常生长。此外，杨梅夜蛾的幼虫还可能钻入果实中取食果肉，导致果实品质下降，甚至引起果实腐烂（图52）。

图 52　嘴壶夜蛾成虫

2. 生活习性　幼虫孵化后，会立即开始取食杨梅的叶片或果实。幼虫具有较强的取食能力，且食量随虫龄增长而增大。幼虫在取食过程中会不断排泄粪便，污染叶片和果实。老熟幼虫会寻找合适的场所（如土壤、落叶层等）进行化蛹。化蛹后，幼虫会转变为成虫并破蛹而出。成虫在交配后，会选择在杨梅树的叶片背面或果实表面产卵。卵块常呈椭圆形或不规则形状，表面覆盖有鳞毛。杨梅夜蛾的成虫具有趋光性，喜欢在夜间活动，白天则隐藏在树丛或叶片背面。成虫飞行能力强，可以进行长距离迁飞。

3. 防治方法

（1）农业防治。及时清除果园内的杂草、落叶和病残果等，减少害虫的滋生环境。合理施肥和灌溉，增强杨梅树的抗虫能力。冬季进行清园处理，剪除病虫枝、枯枝等，并集中销毁，减少越冬虫源。

（2）物理防治。利用成虫的趋光性，在果园内设置黑光灯或频振式杀虫灯进行诱杀。注意及时清理灯下的虫尸和虫卵，防止其再次成为害虫源。在幼虫发生高峰期，组织人力进行捕捉和摘除卵块，降低虫口密度。

（3）生物防治。杨梅夜蛾的天敌包括寄生蜂、捕食性昆虫等，可以通过释放天敌或改善天敌生存环境等方式来增强天敌的控虫效果。

（五）杨梅小细蛾

1. 为害症状　杨梅小细蛾是杨梅树上的一种重要害虫，主要为害杨梅树的嫩梢和叶片，对杨梅树的生长和果实产量构成威胁。其幼虫潜藏在叶背表皮下取食叶肉，被害处仅剩下表皮，外观呈泡囊状。叶正面则隆起呈屋脊状，并出现许多网眼状白色斑点。严重被害的叶片上可见多个泡囊，导致叶片皱缩或弯曲，甚至提早落叶，从而影响树势和果实的正常生长（图 53）。

图 53　杨梅小细蛾

2. 生活习性　在绍兴地区，杨梅小细蛾一年发生 2 代，以老熟幼虫在叶上越冬。卵呈扁圆形，乳白半透明，上覆盖褐色分泌物。幼虫长 4 mm 左右，初呈黄绿色，扁平；后呈淡黄色，体前宽后窄。幼虫潜伏在叶背取食叶肉成长，被害部只剩表皮，呈泡囊状。每个泡囊中仅潜 1 条虫。蛹长约 4 mm，黄褐色。成虫为小蛾子，体长约 3.2 mm，翅展约 7.5 mm。头银白色，头顶有两丛金黄色毛；体银灰色；前翅狭长，后翅尖细，色较深；足银白色与黑色相间。杨梅小细蛾的生活周期与温度、湿度等环境因素密切相关。一般来说，春季和夏季是杨梅小细蛾发生的高峰期。

3. 防治方法

（1）农业防治。及时清除果园内的杂草、落叶和病残果等，改善果园通风透光条件，降低害虫滋生环境。做好冬季清园，剪除受害的枝叶并集中烧毁，减少越冬虫源。

（2）化学防治。在幼虫孵化期或盛发期进行药剂防治。可选用 20% 氰戊菊酯乳油 2000 倍液、20% 杀灭菌酯乳油 2000 倍液、3% 啶虫脒乳油 2000 ～ 2500 倍液等药剂进行喷雾防治。注意交替使用不同药剂以避免害虫产生抗药性。也可以采用树干注射法，在树干或主枝分叉处打孔注入 40% 辛硫磷乳油或乐果乳油 2 倍液等药剂以杀灭幼虫。每棵树钻孔 5 ～ 6 个，每孔注入 3 mL 药剂后用塑料薄膜封口并用泥盖住。

（3）物理防治。利用成虫趋光性，在杨梅园安装黑光灯或频振式杀虫灯诱杀成虫。定期检查杨梅树叶片，发现虫苞及时摘除并销毁。

（4）生物防治。保护利用天敌，如寄生蜂等天敌对杨梅小细蛾的幼虫和卵具有较好的控制作用，可以通过保护和利用天敌来降低害虫数量。

（六）油茶黑胶粉虱

1. 为害症状　杨梅粉虱，特别是油茶黑胶粉虱，主要为害杨梅的叶片，以口针插入叶片组织取食（图 54）。绝大多

图 54　油茶黑胶粉虱

数幼虫寄生于叶片背面，枝、干、花、果等部位很少见。幼虫取食后，叶片受害部位形成黑点状虫体，这些虫体实际上是 2 龄幼虫在介壳下发育的结果。因为 2 龄幼虫历期长达 250 天左右，既直接为害杨梅叶片，又能诱发煤污病，影响树体生长，造成落花落果。

2. 生活习性　幼虫在 6 月上中旬出现，善于爬行，找到合适部位后用口针刺入叶片取食。7 月中下旬普遍脱皮进入 2 龄，此后幼虫在介壳下继续发育至化蛹。2 龄幼虫的足和触角退化，丧失活动能力，虫体背腹扁平，并形成黑色介壳，分泌出无色透明黏胶固着虫体。这一阶段幼虫不再迁移转位，固定在叶片背面为害。油茶黑胶粉虱喜阴湿环境，多发生在郁闭度大的叶片上。

3. 防治方法

（1）农业防治。通过剪除受害严重的病虫枝叶，降低虫口密度，并增加通风透光度，减轻和抑制为害。及时清除果园内的杂草、落叶和病残果等，改善果园生态环境，减少害虫滋生环境。

（2）化学防治。待杨梅采收后及时喷药。可供选用的药剂有 40% 速扑杀（杀扑磷）乳油 1500 ～ 2000 倍液、48% 乐斯本乳油 1000 ～ 1200 倍液、80% 敌敌畏乳油 1000 倍液、25% 扑虱灵乳油 1500 倍液、50% 马拉松乳油 1000 倍液或 25% 亚胺硫磷乳油 1500 倍液等。每隔 15 天喷 1 次，连喷 2 ～ 3 次。最好交替使用药剂，避免害虫产生抗药性。

（3）物理防治。利用成虫趋光性，在杨梅园安装黑光灯或频振式杀虫灯诱杀成虫。

（4）生物防治。保护利用天敌，如寄生蜂等天敌对杨梅粉虱的幼虫和卵具有较好的控制作用，可以通过保护和利用天敌来降低害虫数量。

（七）柏牡蛎蚧

1. 为害症状 杨梅柏牡蛎蚧是杨梅树上的一种重要害虫，主要以雌成虫和若虫固定在杨梅枝梢和叶片上吸取汁液（图 55）。其为害特征明显，受害后杨梅树会出现落叶、枯枝等现象。在严重的情况下，杨梅全株会枯死，形状犹如火烧，对树势和产量造成严重影响。

图 55　柏牡蛎蚧

2. 生活习性 在绍兴地区，柏牡蛎蚧一年发生 2 代，以受精雌成虫在枝干上越冬。第二代卵期为 7 月下旬至 8 月上旬。初孵若虫期为 8 月中、下旬。固定若虫期为 9 月上旬。10 月上旬若虫变为成虫。翌年 4 月中、下旬出现第一代卵。5 月中旬第一代若虫孵化。6 月中旬出现第一代成虫。

3. 防治方法

（1）农业防治。加强施肥管理，可使用猪、羊厩灰等有机肥料，促进树体健康生长。秋季和春季对树上的枯枝及虫口密度高的活枝进行清理修剪，集中烧毁，以减少虫源。

（2）化学防治。在若虫孵化期和盛发期进行药剂防治。可选用 50% 锐劲特悬乳剂 1500 ～ 2000 倍液、40% 速扑杀乳油 1000 ～ 1200 倍液、10% 吡虫啉乳油 1000 倍液、25% 噻嗪酮对湿性粉剂 1000 ～ 1500 倍液或 40% 速扑磷乳油 1000 ～ 1200 倍液等药剂进行喷雾防治。在第二代若虫孵化期（8 月）进行重点防治，每隔 7 ～ 10 天喷 1 次药，连喷 2 ～ 3 次。

（3）物理防治。在冬季或早春，人工刮除枝干上的越冬雌成虫，并集中销毁。

（4）生物防治。保护和利用天敌，如寄生蜂等天敌对杨梅柏牡蛎蚧的幼虫和卵具有较好的控制作用，可以通过保护和利用天敌来降低害虫数量。

（八）蚜虫

1. 为害症状　杨梅蚜虫主要为害杨梅的果实，导致果实品质下降。当杨梅蚜虫在果实上取食时，会造成果实表面出现斑点或凹陷，严重时甚至会导致果实变形、腐烂。此外，杨梅蚜虫还会分泌蜜露，这些蜜露会吸引蚂蚁等昆虫前来取食，进一步加剧对杨梅果实的为害（图 56）。

2. 生活习性　在绍兴地区，一年发生 8 代以上。蚜虫可

图 56　杨梅棉蚜

能以卵或若虫的形式在杨梅树体上越冬，待春季气温回升后孵化或复苏，开始新一轮的为害。蚜虫喜欢在杨梅树的嫩叶、嫩梢和果实上取食，它们通过刺吸式口器吸取植物汁液，导致植物受损。蚜虫繁殖能力强，能够在短时间内迅速繁殖出大量后代，从而加剧对杨梅树的为害。

3. 防治方法

（1）农业防治。定期修剪杨梅树，保持树体通风透光，减少蚜虫的滋生环境。增施有机肥，提高杨梅树的抗病能力。清除杂草和落叶，减少害虫的滋生场所。

（2）化学防治。在转果为害期喷药防治：应抓住 7—8 月果实上发现为害但未形成褐变时喷药。可选用速灭杀丁、氯氰菊酯、功夫菊酯、天王星等农药的 2000 倍液进行喷雾防治。重点喷果实，尤其注意喷头向上喷到萼洼里。待杨梅采收后，及时喷药防治。可选用 40% 速扑杀（杀扑磷）乳油 1500 ～ 2000 倍液、48% 乐斯本乳油 1000 ～ 1200 倍液、80% 敌敌畏乳油 1000 倍液等农药进行喷雾防治。每隔 15 天喷 1 次，连喷 2 ～ 3 次。

（3）物理防治。利用黄板等物理工具诱杀蚜虫成虫，降低虫口密度。

（4）生物防治。保护和利用天敌，如瓢虫、蚜虫寄生蜂等天敌对杨梅蚜虫有较好的控制作用，可以通过保护和利用这些天敌来降低蚜虫数量。

（九）黑翅土白蚁

1. 为害症状　黑翅土白蚁主要侵害杨梅的根部和茎部。它们先侵食韧皮部，逐渐侵食木质部，导致树体水分和营养物质输送受阻。受害后，杨梅树会慢慢出现叶片枯黄、脱落，枝条枯死，甚至全株枯死等症状。由于白蚁侵害杨梅树根部时通常在地下进行，因此很难被察觉（图 57）。

2. 生活习性　黑翅土白蚁作为优势种，它们群集而居生活，在巢群中一般有蚁王、蚁后各 1 个，专司繁殖。有翅蚁形成后，于 5—6 月闷热天气群飞天空，脱翅求偶，并寻求适当处所入土深 1.5 m 左右建新巢繁殖后代。蚁巢中工蚁数量最多，承担巢内的哺育幼蚁等工作，同时于每年 4 月初在土中咬食林木的根部，并出土沿树干筑泥路啃食树皮，侵害木材。11 月始集中于巢内越冬。雌雄兵蚁无繁殖能力，数量仅次于工蚁，是巢穴的保卫者。蚁巢以王室为中心，周围布满大小不等的副巢，各副巢上端常贮有大量的卵，主巢与各副巢间均有蚁路相通。

图 57　黑翅土白蚁

3. 防治方法

（1）堆草诱杀。在白蚁为害区域挖浅穴，用嫩草或其他诱饵覆盖，引诱白蚁聚集后喷药或撒施毒饵。

（2）蚁路喷药。气温在20℃以上时，寻找白蚁用泥土筑的蚁路，发现白蚁后喷少量灭蚁灵原粉或其他杀虫剂，使其带毒返巢，传至其他白蚁而共死。

（3）放包诱杀。以甘蔗粉等为主料，拌入灭蚁灵原粉等杀虫剂，用薄纸包成小包放在杨梅树干边，诱白蚁啃食而中毒致死。

（4）趋光性诱杀。在5—6月闷热天气的傍晚，利用白蚁的趋光性点灯诱杀成虫。

（十）天牛类

1. 为害症状 杨梅天牛主要为害杨梅树的主干、根颈或粗根的皮层及木质部。它们以幼虫蛀入近地表的主干、根颈或粗根中取食，造成植株养分和水分的输送受阻。这会导致部分枝序叶片枯黄、枝条枯死，树势衰退，严重时甚至会导致全株枯死。此外，杨梅天牛还会影响杨梅的产量和品质，给果农带来经济损失（图58）。

2. 生活习性 天牛幼虫孵化后，即开始蛀食杨梅树的皮层及木质部，取食量大，为害严重。幼虫经过一定时间的生长发育后，会化蛹并羽化为成虫。化蛹期和羽化期因种类和环境条件的不同而有所差异。成虫将卵产在杨梅树的主干、根颈或粗根上，卵孵化后幼虫即开始蛀食。天牛成虫多在晴朗天气活动，尤其是闷热夜晚或晴天中午。它们具有较强的飞行能力，能够远距离传播。

图 58　天牛幼虫及成虫

3. 防治方法

（1）农业防治。及时施肥灌溉，促使植株生长旺盛，提高抗虫能力。定期修剪杨梅树，剪除病虫枝和枯枝，减少虫源。保持果园清洁，清除树冠基部的杂草，减少成虫产卵场所。

（2）物理防治。利用成虫活动习性，在成虫大批羽化出孔时进行人工捕杀。同时，在 4—8 月期间，定期检查树干基部有无成虫咬伤的伤口、流胶和排出的木屑等，及时用铁丝钩杀幼虫。在成虫产卵前，用涂白剂对树干进行涂白处理，防止成虫产卵。涂白剂配方一般为石灰、硫黄、食盐、动物油等原料加水调和而成。

（十一）小粒材小蠹

1. 为害症状　杨梅小粒材小蠹主要为害杨梅的树干，其幼虫和成虫都会为害树木。被害后的树干上可观察到蛀孔和黄白色的排泄物，受害部位还会散发出臭味。这些害虫的活动会导致杨梅树的新梢抽生稀少，树势显著衰退。在严重的情况下，杨梅树会出现大量落叶，产量降低，甚至可能导致树体衰亡（图 59）。

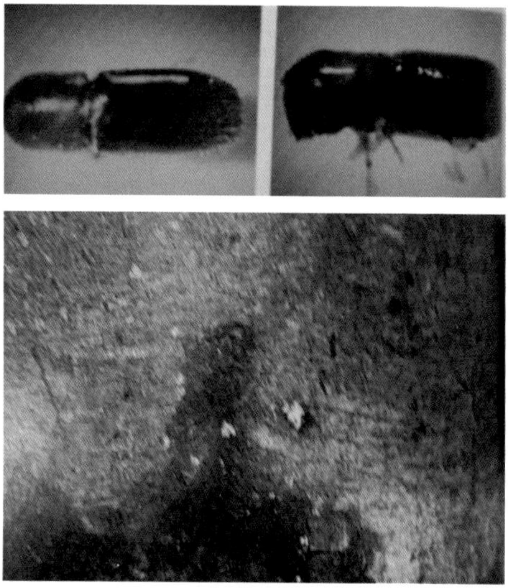

图 59　小粒材小蠹

2. 生活习性　杨梅小粒材小蠹的寄主范围广，不仅为害杨梅树，还为害多种针叶树和阔叶树。它们特别偏好侵染 2 ～ 4 年龄幼树，衰弱和长势不好的立木及伐桩。杨梅小粒材小蠹的繁殖能力极强，生活史短，完成一代一般不超过 30 天。它们以近亲交配繁殖为主，辅以孤雌生殖，繁殖迅速，是小蠹科昆虫中生殖力最强的一类害虫。杨梅小粒材小蠹形体微小，生活隐蔽，筑坑于木质部中，在树身或材段内为害，上下纵横贯穿，呈立体结构。在为害初期不易引起人们的注意，但一旦环境条件合适（如持续干旱），特别容易暴发成灾。

3. 防治方法

（1）农业防治。及时施肥灌溉，促使杨梅树生长旺盛，提高抗虫能力。定期修剪杨梅树，剪除病虫枝和枯枝，减少虫源。保持果园清洁，清除树冠基部的杂草，减少成虫产卵场所。

（2）物理防治。在成虫活动期，利用成虫活动习性进行人工捕杀。同时，定期检查树干基部有无成虫咬伤的伤口、流胶和排出的木屑等，及时用铁丝钩杀幼虫。在成虫产卵前，用涂白剂对树干进行涂白处理，防止成虫产卵。涂白剂配方一般为石灰、硫黄、食盐、动物油等原料加水调和而成。

（3）化学防治。在成虫产卵期和幼虫孵化期，使用化学药剂进行防治。常用的药剂有 48% 毒死蜱乳油等。使用时应按照说明书上的剂量和方法进行喷洒或涂抹处理。特别情况下，可以用 48% 毒死蜱乳油 1000 倍液，或 48% 毒死蜱乳油 + 防水涂料 5 ～ 10 倍液涂刷树体受害部位。

（十二）金龟子类

1. 为害症状　金龟子的成虫直接取食杨梅果实，造成果实表面出现伤口，影响果实的品质和产量（图 60）。

图 60　金龟子

2. 生活习性　在绍兴地区，金龟子一年发生 1 代。以 3 龄幼虫在土中越冬，翌年春季出土活动。越冬幼虫在 4 月初上升到表土取食为害，5 月上旬化蛹，5 月中旬成虫羽化，6 月中旬至 7 月中旬是成虫为害的盛期。卵经 10 天孵化，幼虫在表土层中为害苗木根茎，10 月以后钻入深土中越冬。成虫具有趋光性、假死性和群集性。白天潜伏在土中，傍晚时成群飞至树上取食，次日清晨飞离树冠潜伏。成虫一生可多次交尾，卵散产于土下 5 ～ 6 cm 处。该虫活动适宜气温为 25℃左右，闷热下雨天气活动更盛。

3. 防治方法

（1）农业防治。施用堆肥或厩肥时，需充分腐熟，防止成虫产卵。在初夏成虫金龟子盛发期，用药剂处理土壤，如树盘土表散布 3% 呋喃丹或 5% 辛硫磷颗粒剂，然后浅松土将药翻入土中。

（2）物理防治。利用黑光灯、电灯、火堆及糖醋液诱杀成虫。

（3）化学防治。在金龟子成虫盛发期傍晚，可用 90% 精制敌百虫 800 倍液喷布幼树树冠。如成虫较多，可喷洒 20% 杀灭菊酯 2500 倍液，或 90% 敌百虫 1000 倍液进行防治。

第6章 自然灾害及应对

一、冻害

（一）冻害及危害

在绍兴地区，杨梅低温冻害常发生在冬季以及早春开花期（当年12月至翌年2月）。杨梅生长最适宜的年平均气温为15～20℃，当冬季最低气温低于-9℃、日最高气温≤0℃连续出现3天或以上时，杨梅树的枝叶及新梢会受到冻害；若最低气温低于-12℃，可使大枝或主干发生冻害。主要表现为杨梅主干、主枝树皮开裂，形成层受害，秋梢、秋叶冻伤。轻度冻害导致树势衰弱，叶色淡黄；严重冻害树到5月中旬枝条开始大量变干死亡，6—7月整株死亡。在早春杨梅开花期遇冷空气南下，温度降至0℃及以下时，花易受到冻害，造成减产。

（1）树干受损。温度变化剧烈的冬季，树干易遭受冻害。树干受冻后有时形成纵裂，树皮常沿裂缝脱离木质部，严重时外卷。冻裂后随着气温升高一般可以愈合，严重冻害会导致树干及根颈部皮层开裂，影响树体的正常生长。

（2）枝叶受损。最初微变色下陷，不易察觉，用刀挑开可发现皮部已变褐；以后逐渐干枯死亡，皮部裂开脱落。同时杨梅枝叶茂密，易积雪，导致压裂、压断树枝，甚至压倒整株树木。冻害还会引起杨梅树黄叶、落叶，进一步削弱树势。

（3）花芽不萌发。花芽一般较叶芽和枝条抗寒力低，故其冻害发生的地理范围较大，受冻年份也较频繁。严重冻害时，花芽全部死亡并逐渐干枯脱落。冻害较轻时，常表现为花原始体受冻而枝叶未死，春季花芽枯落而枝叶尚能缓慢萌发。更轻的冻害可导致花内分化较完全的花冻死或冻伤畸形，而部分花尚能开花结果。花芽的轻度冻害常表现为花器内部器官受冻，最易受冻的是雌蕊。有调查资料表明，花芽越冬时分化程度越深、越完全，则抗寒力越低（图 61）。

（4）根颈受损。根颈是地上部进入休眠最晚而结束休眠最早的部位，因此抗寒力低。同时，根颈所处的部位接近地表，温度变化剧烈，所以最易受低温或温度剧烈变化的伤害。根颈受冻后，树皮先变色后干枯，可发生在局部，也可能呈环状。根颈冻害对植株危害很大，常引起树势衰弱或整株死亡。

（5）根系冻害。杨梅根系比上部耐寒力差，根系受冻后变褐。一般粗根较细根耐寒力强，但近地面的粗根由于地温低，比下层根易受冻。新定植的幼树根系小而浅，易受冻害，而大树相对较抗寒。

图 61　杨梅叶片、花芽受冻现象

（二）防冻害方法

（1）选择适宜区位。在绍兴地区，杨梅种植地海拔不宜过高，山地种植宜选择在向阳回风处，以减少冻害的发生。

（2）强化设施栽培。根据地形坡度，搭建联栋大棚，顶棚有拱形、平顶形和三角形，11—12 月覆盖透明薄膜。

（3）加强树体养分管理。7—8 月，当杨梅叶片嫩绿时，应控制氮肥的施用量，增施钾肥。钾肥以株产量 50 kg 计算，株施硫酸钾 1.2 ～ 1.6 kg。同时，根据微量元素的需求，增施硼肥等，以提高树体组织充实程度，增强抗冻性。

（4）适量疏剪。对枝叶繁茂的杨梅树体，可通过开天窗，疏剪过密枝、主枝竞争枝等方式，减少枝叶量，降低承重，防止因雪压过大而倒伏。晚秋梢组织幼嫩，易受冻害。在秋冬修剪时，应及时去除晚秋梢，以减少冻害的发生。

（5）涂白包扎。在入冬前，对树干及根颈部进行涂白或包扎稻草、培土覆盖等保温措施，以防止树皮开裂。

（三）灾后补救方法

（1）清雪除冰。在降雪后，应及时清理树体积雪，防止积雪过多导致枝干断裂。若冰雪一时无法去除，可对一些树体过大、枝叶过密的杨梅树进行适当修剪，以保住大枝、大树不至于压断、压倒。对于被雪压坏的枝条难以复位的，应尽早锯除，削平锯口，然后涂刷杀菌剂保护并遮阳，加速其新枝抽生。

（2）树体恢复。被冻裂主干及一级主枝，先用“天达2116”细胞膜稳态剂200倍液涂抹韧皮部，再用稻草绳、薄膜绑扎，并及时清理被冻伤的叶片。对已撕裂未断的枝干进行包扎抢救，对被大雪压倒的树木进行扶正加固等。

（3）补充养分。杨梅树冻害后的树势较弱，应及时叶面喷施“天达2116”细胞膜稳态剂800～1000倍液或0.2%磷酸二氢钾液或高效稀土1000～1200倍液，以迅速补充树体养分。

（4）预防病害。受冻害的杨梅树易导致干枯病、枝腐病、炭疽病等暴发流行，应及时喷施杀菌剂，预防病害流行。

二、日灼

（一）日灼及危害

日灼是由于夏季阳光直射到树干和地面产生高温，使树皮受到灼伤而引起的非侵染性病害。

结合日灼对杨梅影响的表现，将杨梅热害旱灾进行分级，分级标准参照表 4。

表 4　杨梅热害旱灾分级标准

分级	树势	叶片	1 年生枝	主干
0 级	无损害	叶片影响在 1% 以内	无影响	无影响
1 级	轻度影响	1% ～ 10% 叶片枯焦	夏梢小而少	无影响
2 级	中度影响	10% ～ 40% 叶片枯焦	大部分夏梢枯焦	无影响
3 级	重度影响	40% ～ 95% 叶片枯焦	叶片失绿、枯焦	部分影响
4 级	可能死亡	全部叶片枯焦	全部枯死	严重影响

（1）树皮灼伤。最初在树干上产生块状、条状褐色斑块，随后斑块开裂，树皮和木质部分离、脱落。

（2）叶片变化。日灼条件下，叶片出现大面积卷曲、萎蔫，抑制杨梅夏梢抽生。严重时，叶片失水萎蔫下垂，颜色从绿变黄，直至红黄色而死亡（图 62）。

（3）整株影响。日灼不仅影响树干的健康，还可能导致整株杨梅树生长受阻，甚至枯死。

（4）果实商品性下降。高温干旱天气下，杨梅果实的水分蒸发加快，导致果实体积缩小、肉柱尖突。由于水分蒸发

图 62　日灼后的杨梅青果

和养分吸收受阻，杨梅果实中的糖分积累减少，而酸度相对增加，使得果实的口感变差。

（二）防日灼方法

（1）选择适宜的种植环境。杨梅建园时应选择阴坡种植，并尽量有遮阳物存在。坡度不宜过陡，以减少阳光直射和地表高温对树干的影响。

（2）合理灌溉。采用滴灌、深层穴浇保水等方式实现节约用水，灌溉时间选择在 8：00 以前或者 17：00 以后。选择生草、覆草模式以减少土壤水分蒸发量。

（3）强化生产管理。在肥料方面，尽量少施或不施氮肥，注重补充磷、钾肥，做到薄肥勤施。在修剪方面，采后修剪主要是对伤枝、病枝进行修剪。

（4）灌溉遮阳。在杨梅树生长未受到缺水影响以前进行浇水，避免等到老叶脱落、叶片卷曲、新梢枯焦等现象出现时才进行。一般杨梅树遭遇连续 7 天以上干旱时，应适时进行园地灌水。有条件的杨梅园，可在离树冠顶部 50 cm 以上处搭建遮阳网；如树冠过于高大，也可选用遮阳网、柴草、作物秸秆等直接覆盖树冠。

（5）补充树体营养。高温干旱初期，可使用生长抑制剂、抗蒸腾剂达到降低杨梅树体水分蒸发量的效果。早晚无风天气，可选择喷施营养型抗旱剂（如旱地龙、天达 2116 等），以提高树体抗旱能力，促进树体营养积累。

（三）灾后补救方法

对于幼树因严重缺水造成损伤的，需及时遮阳覆盖，修剪枝条，涂抹伤口。对于成年树出现枝梢抽生严重情况的，应先抹梢，然后补肥、补水，避免出现失水或整树枯死现象。

三、风害

（一）风害及危害

杨梅风害主要表现为台风等强风天气对杨梅树体造成的损害。具体表现包括：

（1）植株倒伏。强风可能直接导致杨梅树体倒伏，尤其是根系较浅或土壤松软的植株更易受影响。

（2）枝条折断。风害会造成杨梅树的枝条折断，尤其是树冠外围的枝条，因为它们更容易受到风力的直接作用。

（3）根系受损。强风还可能引起土壤松动，导致杨梅树的根系受损，影响树体的稳定性和养分的吸收。

（4）树皮撕裂。风害还可能造成杨梅树皮的撕裂，这不仅会破坏树体的美观性，还可能引发病虫害的入侵（图 63）。

图 63　台风过后的杨梅树

（二）防风害方法

（1）加强树体管理。通过修剪调整树形，减少树冠的迎风面积，降低风害的风险。修剪时要去除病弱枝、徒长枝和过密枝，使树体通风透光性良好。在杨梅树周围培土，加厚土层，保护根系，增强树体的稳定性。同时，也可以结合施肥进行培土，提高土壤肥力。

（2）设置防风设施。在风口处的杨梅树应立柱加固，增加树体的稳定性。立柱应选择坚固耐用的材料，如水泥柱或木桩等。在杨梅园周围或风口方向培育防风林带，如种植松树、杉树等高大的乔木，以减缓风速，降低风害带来的破坏性影响。

（三）灾后补救方法

（1）及时扶正植株。台风过后，要及时扶正倒伏的杨梅树，修剪断根和折断的枝条，并用毛竹或绳等固定树体，使其尽快恢复生长。

（2）伤口处理。对风害造成的伤口进行处理，如涂抹402抗菌剂、泥浆或接蜡等，以防止病菌入侵和伤口感染。

（3）加强肥水管理。灾后要加强肥水管理，及时补充树体养分，促进树势恢复。可以增施有机肥和钾肥等，提高树体的抗病能力和抗逆性。

第7章 设施栽培

一、主要设施类型

在杨梅设施的发展过程中，先后应用过简易竹棚、单体棚、单株网室、平地连栋棚、山地连栋棚和智能化大棚等模式。

（1）简易竹棚。简易竹棚是一种采用竹子作为主要材料搭建的简易大棚，通常用于遮雨、遮阳和保温等。其结构简单，造价低廉，易于搭建和拆卸。但竹子易受潮、被虫蛀，耐用性有限，对于强风、大雨等恶劣天气的抵御能力较弱。目前建设成本每亩约为 1.5 万元。

（2）单体棚。是一种简易实用的保护地栽培设施，它利用竹木、钢材等材料，并覆盖塑料薄膜，搭成拱形棚。其材料来源广泛，搭建过程简单，可根据种植需求灵活调整大棚规模。相比其他温室大棚，单体棚的造价较低。能够提早或延迟杨梅的采摘期，提高经济效益。缺点是对强风、大雪等自然灾害的抵御能力较弱。棚内立柱较多，影响机械化作业。目前建设成本每亩为 2 万～3 万元。

（3）单株网室。单株网室是一种小型的、封闭或半封闭的栽培模式，通常由 2.0 ～ 3.3 cm 钢管和防虫网搭建而成（图 64）。由于是封闭或半封闭设计，可以有效隔离果蝇，减少农药使用。其造价低廉，利于杨梅延迟成熟，主要适用于 500 m 以上高山栽培。目前建设成本每亩约为 2 万元。

图 64　单株网室

（4）平地连栋棚。平地连栋棚是指将多个独立的温室大棚连接起来，形成一片连续的种植区域，适宜平地或 15° 以下缓坡（图 65）。这种大棚类型适用于平坦的土地，能够提高土地利用率和生产效率。通过连栋设计，可以充分利用土地资源。连栋棚内的环境可以统一管理和控制，可以进行小型机械化作业，提高生产管理效率。但相比单体棚，平地连栋棚的建造和维护难度更大。目前建设成本每亩为 4 万～ 5 万元。

图 65　平地连栋棚

（5）山地连栋棚。山地连栋棚是针对山地地形设计的一种温室大棚类型。它采用特殊的结构和建造方式，以适应山地复杂的地形和气候条件（图 66）。山地连栋棚能够适应山地复杂的地形和气候条件，同时连栋棚内的环境可以统一管理和控制，提高管理效率。但由于山地地形复杂，建造山地连栋棚的难度相对较大，相比平地连栋棚，山地连栋棚的建造成本更高。目前建设成本每亩为 5 万～6 万元。

图 66　山地连栋棚

（6）智能化大棚。智能化大棚是指将智能化控制系统应用到大棚种植中，通过传感器、控制器等设备，实时监测和控制大棚内的环境参数（如温度、湿度、光照等），运用智能温控、智能补光、水肥一体等数智化设施设备，以创造最适合植物生长的环境。目前建设成本每亩在 10 万元以上。以兰溪市某家庭农场为例，该农场大棚面积 8 亩，配备无人机、爬山虎等设备 20 多台（套），安装智能控制柜 13 台、各类传感器探头 215 个，卷膜电机等可控设备 345 组以及执行自动化运行设备 86 组，实现了环境信息数据采集、视频监控、温湿度智能控制、产品溯源等一屏管控（图 67）。数字化建设前该农场常年累计雇工约 5000 人次，支付工资 140 余万元。通过宜机化道路改造和爬山虎等运输机械的应用，将工人从施肥、喷药等繁重的工种中脱离，从事疏果、包装、采摘等相对轻简的工作，提高了工作效率，节约了人工成本。据测算，仅有机肥运输用工量从原来的 350 多工下降到 120 工，累计节约人工 65.7%，年节省开支 6.9 万元；通过无人机飞防，节约用水 80% 左右，每亩节约人工成本 270 元，年节省开支 2.2 万元；大棚温湿度管理（每日开膜、闭膜）一项，年节约人工成本约 14.4 万元；同时优质果率提高 10% 左右，每亩增效 7800 元左右，年直接经济效益增加 62.4 万元，通过节本增效，该农场年收入增加 85.9 万元，取得了较好的经济效益。

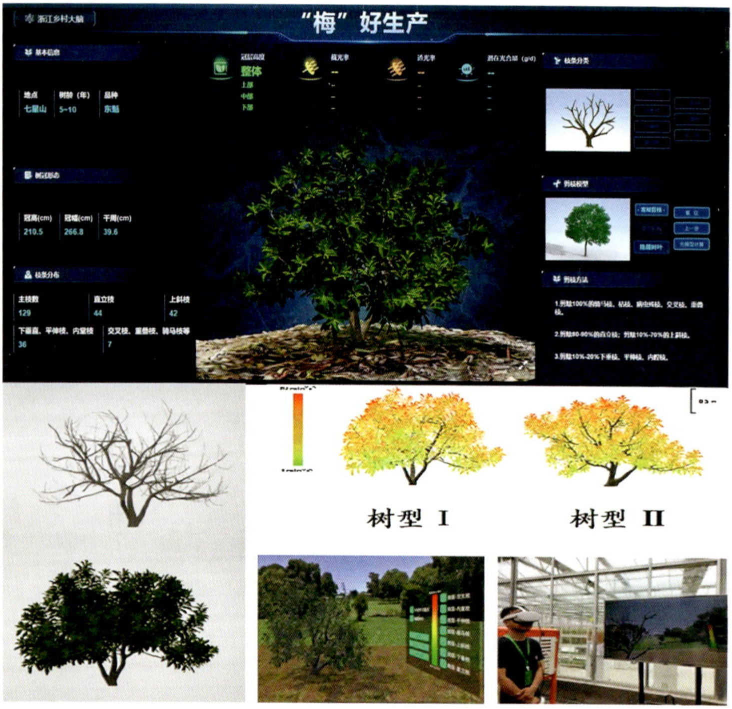

图 67　杨梅数字化生产模型系统

二、设施栽培类型

（1）避雨栽培。主要是通过搭建避雨设施（如简易拱棚、薄膜棚架、罗幔防雨布等），以解决成熟期含水量过高、果实硬度降低、落果严重、品质下降等问题。避雨栽培能有效减少雨水带来的病虫害，如减少果蝇和其他害虫的为害，降低农药使用量，提高果实的安全性。避雨设施能控制湿度和温度，可使杨梅商品果率达 80% 以上，外形端正、肉柱饱满、着色佳、可溶性固形物含量和维生素 C 含量增加。通过调节设施内的环境条件，可以提早或延后杨梅的成熟期，从而延长采摘期，减轻集中销售的压力。

（2）罗幔网室栽培。主要是指利用网室，包括单株罗幔和连片防虫网室，将杨梅树覆盖起来，以阻隔害虫和雨水的一种栽培方式（图 68、图 69）。罗幔网室栽培能有效阻隔果蝇等害虫的进入，减少害虫对果实的侵害，降低农药使用量。由于减少了害虫的侵害，网室栽培的杨梅产量和品质通常较高，果实外观和口感都更好，贮藏性优于露地栽培杨梅。网室还能在一定程度上调节温度和湿度，为杨梅生长提供适宜的环境条件。

a. 全树罗帐覆盖和顶部白色雨伞布覆盖

b. 全树覆盖防虫网

图 68　罗幔网室栽培主要类型

（3）促早栽培。通过控制生长环境条件，使杨梅提前进入开花和结果期的一种栽培技术。目前，杨梅主要设施栽培方式有三种：一是以促早成熟为主的促早设施栽培模式，二是以防虫为主的网室设施栽培模式，三是以避雨为主的避雨设施栽培模式。试验表明，促早设施栽培对杨梅生长和果实品质提升都有明显作用，一方面可以提前各物候期，避开了梅雨，另一方面在单果重、硬度、可溶性固形物含量等指标较露地栽培有显著提升。促早栽培能使杨梅提前上市，根据前期试验，单膜覆盖下深红种杨梅提前 10 ～ 16 天，荸荠种杨梅提前 12 ～ 18 天，东魁杨梅提前 10 ～ 20 天，双膜覆盖可以提前 35 ～ 40 天，抢占市场先机，提高经济效益（图 70）。

图 69　台州黄岩地区的罗幔网室栽培

a.单膜设施

b.双膜设施

图 70　单膜和双膜设施栽培示意图

（4）延后栽培。与促早栽培相反，延后栽培是通过遮光、避雨材料对树体进行覆盖，达到一定的遮光效果，使杨梅延迟进入开花和结果期的一种栽培技术，主要包括采用罗幔网室、雨伞布等，进而解决单一品种采摘期过短和不耐储运的问题。延后栽培可以延后杨梅的供应期 8 ～ 14 天，满足市场需求，提高果农的经济收益。与促早栽培类似，延后栽培也需要精确控制环境条件，但具体控制措施可能有所不同。延后栽培需要选择适合延迟结果的杨梅品种，以确保栽培效果。

三、设施栽培主要栽培技术

（1）立地建园。宜选择通风向阳、土壤透气良好、排水良好、pH 值为 4.5 ～ 6.5 的缓坡地。年均温度为 15 ～ 21 ℃，年均降水量在 1000 mm 以上，平均相对湿度在 80% 以上。园区内挖排水沟，深 0.5 m，宽 0.5 ～ 1.0 m，附近修建蓄水池。设置合理道路系统，结合地形分成不同管理区块。

（2）设施搭建。以钢架大棚为例，主体骨架立柱宜为管径 55 mm、壁厚 2 mm、长 6 m 热浸镀锌圆形钢管；四周骨架立柱宜为管径 32 mm、壁厚 1.8 mm、长 6 m 热浸镀锌圆形钢管；横梁宜为管径 55 mm、壁厚 2 mm、长 6 m 热浸镀锌圆形钢管；顶部骨架主要材料为拱杆，管径 32 mm、壁厚 1.8 mm、长 6 m 热浸镀锌圆形钢管型材。

单栋棚肩高 3 m，顶高 4 ～ 4.5 m，跨度按实际行距确定，长度按地块确定，宜在 30 ～ 50 m。连栋棚肩高 4 ～ 4.5 m，顶高 5.5 ～ 6 m，跨度按照实际行距确定，长度根据地块确定，宜在 30 ～ 50 m，一般采用 3 ～ 4 栋连栋，连栋面积不宜超过 2000 m^2。坡度大于 15° 的山地建大棚，宜采用镀锌圆形钢管，利用连接紧固件固定框架，再覆盖塑料薄膜，中间宜增加立柱和弓管长度。大棚主立柱间距 3 ～ 4 m，周边立柱间距 1 m，立柱埋地应超过 1 m，或采用水泥筑墩；顶部开两扇可开闭的天窗。大棚顶部结构可采用三角形、圆弧形和平顶形连栋结构。大棚两侧安装卷膜器，顶部通风口宽度不小于 1 m，通风口应覆盖 20 ～ 40 目防虫网。棚内顶端安装喷淋装置，四周及中央悬挂温、湿度计。

设施大棚应根据当年气温、降水量等气候条件，覆膜时间宜在 12 月中下旬至翌年 1 月上旬，棚膜宜选用优质聚乙烯无滴膜，顶膜厚度为 0.07 ～ 0.08 mm，侧膜厚度为 0.10 ～ 0.12 mm。操作过程应从高处往低处覆膜，覆好后用压膜线将棚膜压紧固定。大棚膜的使用年限单栋为 2 ～ 3 年，连栋为 3 ～ 5 年（图 71）。

图 71　杨梅住进“大洋房”

（3）温、湿度调控。

①温度：11—12 月尽量少开膜，棚内温度不低于 5℃；1—2 月以及花期棚内温度应维持在 15 ～ 25℃；5—6 月注意开

膜通风降温，白天棚内温度不得超过 35℃，夜间棚内温度不得低于 15℃。经验表明，在覆膜后至杨梅转色期，一般选在 8：00—10：00 开膜，16：00—17：00 封膜保温。在转色期至成熟期，顶膜、侧膜根据天气状况建议全体开启，并适当配置风机、水帘、除湿机，避免高温热害。

②湿度：盖棚以前，可将水分灌足。冬季棚内相对湿度宜为 70% ～ 80%，开花期宜为 60% ～ 70%，幼果期宜为 70% ～ 80%，成熟期宜为 65% ～ 75%，若遇湿度过高，需及时通风降湿。

③智能控制系统：在棚内选择便于日常操作管理的地方安装智能设施物联网平台。根据物联网平台功能，在棚顶、棚侧面安装智能控制卷膜器；在大棚中部、顶部等区域安装温湿度传感器、土壤监测传感器，准确采集与监测棚内实时温湿度、土壤湿度等数据（图 72）。

图 72　设施大棚智能控制器

（4）整形修剪。避雨栽培和单株帐式网室的杨梅宜采用低干开心形或无主干多主枝丛状形，控制树高在 2.5 ～ 3 m；

大棚杨梅宜培养分层结果树形，树冠高度控制在 3.5 m 以内。结果树在采果后半个月或 8—9 月进行修剪，也可以在 4 月结合疏果进行，剪去枯枝、内膛枝、过密枝以及根和主干上萌发的无用枝。修剪以疏删和短截相结合，剪除徒长枝、弱枝、病虫枝、交叉枝。设施杨梅树势容易衰弱，可适当重剪，短截部分结果枝，促发新枝。

（5）花果管理。

①授粉：杨梅花属风媒花，棚室中应进行人工授粉（图 73），以提高坐果率。授粉时间宜选择 10：00—15：00，湿度低于 70%。在棚内地势较高且光照充足的地方栽种雄株，可用风扇等装置吹散花粉。人工授粉分 2 次进行，第 1 次授粉可选在雌花三成开放时进行，第 2 次授粉可选在雌花六成开放时进行。人工授粉一般选择在晴天 13：00—16：00，棚内温度宜为 25 ～ 30℃、相对湿度低于 65% 时进行。

图 73　大棚杨梅实施人工授粉

②保花保果：在盛花期或谢花期，树冠喷施 15 ～ 30 mg/L 的赤霉酸 1 次，以促进坐果。

③疏花疏果：花枝、花芽过量可于冬春修剪时适当疏去部分花枝。遵循“强树多果，弱树少果”的原则，分 2 ～ 3 次疏果，每次间隔 7 天。杨梅幼果至黄豆大小时开始疏果，每结果枝留 2 ～ 3 个果，荸荠种杨梅树可适当多留果。

（6）肥水管理。

①施肥：生长期需施 3 次追肥，即萌芽肥、壮果肥、采果肥，施用时间应比露地栽培早 20 ～ 30 天。基肥在 9—10 月施用，重施有机肥，配施活土君复合菌剂及矿质元素肥。

图 74　疏果后的杨梅树

②水分管理：盖棚以前，将水分灌足。杨梅萌芽、开花、新梢生长期、果实膨大期、花芽分化期土壤持水量低于 60% 时，棚内需及时灌水。

第8章 典型案例

本地典型

（一）绍兴上虞真山杨梅专业合作社

绍兴上虞真山杨梅专业合作社位于驿亭镇杨梅村，成立于2006年，目前共有社员104人，高、中级技术人员3人，注册资金50万元，资产总额2105万元（图75）。现有基地面积550亩，其中杨梅设施大棚30余亩，配套设施完备，设置休闲观光区、休闲娱乐区、游客接待区，年接待游客1.8万人。合作社先后被评为“浙江省林业示范性专业合作社”“浙江省优秀示范性农民专业合作社”“上虞区四季仙果‘四星级’采摘基地”“上虞区新型

图75　绍兴上虞真山杨梅专业合作社

现代农业园区”“上虞区职工疗养休养基地”，通过“无公害农产品认证”“无公害农产品基地认证”，是“浙江省级林业观光园”。

1. 品种种植技术成熟　合作社主栽品种为上虞区特色杨梅品种“深红种”“水晶种”杨梅，种植技术成熟，优质果率、精品果率分别达 85%、40% 以上，是农产品地理标志“二都杨梅”的主要产区，品牌知名度高。园区为搭配“四季仙果”品牌，引进种植有甜樱桃、枇杷、猕猴桃等。

2. 集成绿色综合防控技术　园区开展杨梅主要病虫害绿色综合防控，致力打造绿色、安全、生态、优质园区。

3. 积极推广设施栽培与矮化栽培技术　近年来园区新建杨梅设施大棚 20 余亩，甜樱桃大棚 20 余亩，单体罗幔账 100 余个，积极推广杨梅设施栽培、矮化栽培技术和省力化栽培模式。

4. 创新经营新模式　园区作为上虞区“四季仙果”重要组成部分，农产品地理标志“二都杨梅”的主要产区，通过农旅结合、电商销售、物流配送等一系列现代化销售模式，亩效益提升达 15%，经济效益提升显著。

（二）张家岙杨梅专业合作社

张家岙杨梅专业合作社成立于 2007 年 3 月，是一家从事“二都杨梅”种植、生产、经营、加工、销售于一体的专业性合作经济组织，合作社现资产总额达 760 余万元，联结基地 1500 余亩，建立标准化杨梅示范基地 270 亩（图 76）。园区内建有接待中心、垂钓中心、凉亭、长廊、停车场、生态公厕、登山游步道，基础设施完善，是一个可采摘、可游玩、可观赏、可体验的综合农业基地。已通过绿色食品、有机食品认证，被评为“绍兴市级林业观光园”“浙江省林业观光园区”“绍兴市上虞区现代农业精品园”“四季仙果之旅’三星级采摘基地”。所生产的杨梅酒、杨梅酵素获得“2015年义乌国际森林产品博览会优秀奖”“二都杨梅”白兰地在2015年、2016年被上虞区休闲旅游工作领导小组办公室评为“上虞十佳旅游商品”。

图76　张家岙杨梅专业合作社

1. 品种种植技术成熟完备　合作社主栽品种为上虞区特色杨梅品种——“深红种”“水晶种”杨梅，种植技术成熟，优质果率、精品果率分别达82%、38%以上，是农产品地理标志“二都杨梅”的重要产区，品牌知名度高，杨梅加工产品优质。

2. 集成绿色综合防控技术　园区通过与区级技术部门、浙江省农业科学院合作，积极开展绿色综合防控，致力打造绿色、安全、生态、优质园区。

3. 积极开展推广杨梅矮化栽培技术与生草栽培技术　近年来，园区新建单体罗幔账20余个，积极推广杨梅矮化栽培技术、省力化栽培模式，开展杨梅园区生草栽培技术，改善园区生态环境。

（三）绍兴市柯桥区型塘杨梅专业合作社

绍兴市柯桥区型塘杨梅专业合作社，位于柯桥区湖塘街道型塘村，合作社自 2003 年起开展以杨梅为主导的果树栽培，2021 年起探索开展杨梅设施栽培，现种植杨梅 200 余亩，有东魁、本地湖塘红、白杨梅（素梅）、荸荠种、碳梅等多个品种，曾获得柯桥区 2022 年、2023 年两届杨梅王评比铜奖。2023 年产值 50 余万元，2024 年产值 60 余万元（图 77）。

前些年，因湖塘杨梅多为露天种植，受气候影响大，产量不高，上市集中；果实果形变小，口感不佳；落果严重，优质商品果率低等系列问题日渐显现。为了解决上述问题，合作社于 2023 年开始实施绍兴市创新农作制度试验示范项目《杨梅品质提升关键技术应用示范》，并邀请杨梅专家团队重点指导，实施避雨防虫设施栽培和品质提升关键技术措施的应用示范。基

图 77　绍兴市柯桥区型塘杨梅专业合作社

地实施规模 100 亩，其中已建单体大棚 50 只（5 亩），新建连栋大棚 10 亩，并配置数字农业管控、智能化喷灌设备、自动排风系统和电动卷膜设备等，总投资 230 万元。同时，按照杨梅的栽培技术要求，对果树进行矮化、修剪整形、肥水调控、病虫防治等精细化管理操作，打造湖塘优质杨梅品牌，力争实现提质增产增效。

（四）湖塘盛林杨梅采摘园

盛林杨梅采摘园位于杨绍线塔牌酒厂对面，该杨梅园是市级观光采摘园、湖塘十大杨梅园之一，也是湖塘最早的杨梅园，已连续三届获杨梅王，是本地杨梅“湖塘红”官方认定采摘地（图 78）。杨梅园占地 100 余亩，可产面积达 80 亩，园内杨梅 3000 多棵，杨梅品种 5 种以上，包括东魁、本地湖塘红、白杨梅（水晶种）、荸荠种、碳梅等，主要有东魁 1500 余株，本地湖塘红 500 余株，荸荠种 200 余株。2024 年 6 月 18 日举办的第五届湖塘杨梅文化节，盛林杨梅园一颗“鉴湖白”杨梅更是最终以 150 元成交，成为本届“杨梅王”。

为促进湖塘杨梅经济的快速发展，园区在浙江省林业局、绍兴县林业局和湖塘街道办事的大力支持与帮助下，邀请相关专业部门对园区进行整体规划，使旅游、休闲、交通一体化，以生产和经营为主，以休闲垂钓和欢乐农庄菜旅游服务业为辅，吸引各地游客。

1. 加大园区建设投资，完善配套设施 投入 2500 余万元，开辟生态杨梅采摘园和相关配套设施建设。在山脚下建造了一个停车场，在杨梅山上新建休息亭 2 个，以及台阶、石桌、石凳等投入 100 余万元在园区内安装了喷滴管道，为杨梅在干旱期提供灌水，投入 50 余万元在园区内铺设观光采摘道路 3 km。对园内空间进行绿化美化，总绿化面积 500 m^2。投入 10 余万元建造 200 m^2 管理用房。

图 78　湖塘盛林杨梅采摘园

2. 做好宣传，打响湖塘中国杨梅之乡品牌　盛林采摘园抓住“四个利用”来提高旅游知名度：一是利用路口醒目的大型广告牌，以及不同大小路标和警示牌数张，并及时落实竖立点，让游客出行更方便、安全。二是利用报纸、电视等宣传媒体，在报纸和电视上大力推介资讯，及时报道杨梅采摘园开放时间，吸引游客。三是充分利用农信箱、万林网等网络平台不断充实杨梅园板块。四是树立好口碑，提倡健康文明、积极向上的工作精神和服务态度，把最优质的服务带给每一位客人。

3. 加大残次果再利用，丰富深加工产品　由于杨梅采摘季节短，为留住这份入口生津的酸甜，盛林杨梅园将它制成杨梅酒，实践农产品深加工的新出路。一般 5 kg 杨梅酿 1 kg 酒，工人们通过就地取材或从当地其他梅农收购杨梅的方式，第一时间将杨梅入缸发酵，实现杨梅二次开发。2024 年盛林杨梅园已经收购 4 万 kg 鲜杨梅，酿制果酒 8000 kg，经济效益显著。

附　录

附录 1　浙江省农作物病虫害绿色防控产品推荐名录（水果）

第一部分：监测预警设施设备及理化诱控、生态调控类产品

产品类别	产品名称	应用靶标
监测预警产品	智能虫情测报灯	害虫
	虫情监测信息自动采集系统	害虫
理化诱控产品	昆虫性诱智能测报系统	飞蛾类 / 夜蛾类
	微小昆虫远程智能监测系统	害虫
	实蝇粘虫板	实蝇
	小体积昆虫捕捉仪	害虫
	交配干扰剂	害虫
	梨小食心虫性迷向素	梨小食心虫
	甜菜夜蛾性诱剂	甜菜夜蛾
	斜纹夜蛾性诱剂	斜纹夜蛾
	果蝇食诱剂	果蝇
	果实蝇引诱剂	实蝇
生态调控产品	硫华菊等显花植物	天敌生物
	蛇床子	蚜虫等

续表

产品类别	产品名称	应用靶标
天敌生物产品	捕食螨	害螨
	丽蚜小蜂	害虫
	异色瓢虫	害虫

第二部分：生物农药类产品

病虫害种类	产品名称	应用靶标
鳞翅目害虫（甜菜夜蛾、斜纹夜蛾）	甘蓝夜蛾核型多角体病毒	20 亿 PIB/mL 悬浮剂
	甜菜夜蛾核型多角体病毒	30 亿 PIB/mL 悬浮剂
	多杀霉素	8% 水乳剂
	苏云金杆菌	15000IU/mg 水分散粒剂
烟粉虱	d– 柠檬烯	5% 可溶液剂
蓟马	多杀霉素	20% 悬浮剂
根结线虫	2 亿孢子 /g 淡紫拟青霉粉剂	2 亿孢子 /g 粉剂
杨梅树果蝇	短稳杆菌	100 亿孢子 /mL 悬浮剂
害螨	矿物油	99% 乳油
溃疡病	波尔多液	86% 水分散粒剂、80% 可湿性粉剂
	硫酸铜钙	77% 水分散粒剂
葡萄灰霉病	哈茨木霉菌	1 亿 CFU/g、3 亿 CFU/g 可湿性粉剂
葡萄霜霉病	哈茨木霉菌 LTR–2	2 亿孢子 /g 可湿性粉剂
	丁子香酚	0.3% 可溶液剂
葡萄白粉病	多抗霉素	10% 可湿性粉剂

第三部分：化学农药类产品

应用靶标	产品名称	主要剂型
蚜虫	氟啶虫胺腈	22% 悬浮剂
	吡虫啉	70% 水分散粒剂
鳞翅目害虫（甜菜夜蛾、斜纹夜蛾）	双丙环虫酯	50 g/L 可分散液剂
	溴氰虫酰胺	10% 可分散油悬浮剂
	氯虫苯甲酰胺	5% 悬浮剂
	溴虫氟苯双酰胺	5% 悬浮剂、10% 悬浮剂
	甲氧虫酰肼	240 g/L 悬浮剂
	氰氟虫腙	22% 悬浮剂
	虫螨腈	240 g/L 悬浮剂
	乙多・甲氧虫	34% 悬浮剂
	甲维・虱螨脲	9.8% 悬浮剂、45% 水分散粒剂
烟粉虱	氟啶虫胺腈	22% 悬浮剂
	螺虫乙酯	22.4% 悬浮剂
	螺虫・噻虫啉	22% 悬浮剂
	螺虫・噻虫嗪	30% 悬浮剂
	螺虫・吡丙醚	20% 可分散油悬浮剂
蓟马	噻虫嗪	25% 水分散粒剂
	溴氰虫酰胺	10% 可分散油悬浮剂
	溴虫氟苯双酰胺	10% 悬浮剂
害螨	氟啶胺	500 g/L 悬浮剂
	乙唑螨腈	30% 悬浮剂
	腈吡螨酯	30% 悬浮剂
	联肼・螺虫酯	36% 悬浮剂
	阿维・乙螨唑	24% 悬浮剂
地下害虫	联苯菊酯	0.2% 颗粒剂
	联苯・噻虫胺	1% 颗粒剂

续表

应用靶标	产品名称	主要剂型
病毒病	吗啉胍·羟烯	10% 水剂
	吗胍·乙酸铜	20% 可湿性粉剂
细菌性病害	春雷霉素	2% 水剂
	噻唑锌	20% 悬浮剂
	噻霉酮	1.5% 水乳剂、3% 微乳剂
	噻森铜	20% 悬浮剂、30% 悬浮剂
	春雷·噻唑锌	40% 悬浮剂
根结线虫	氟吡菌酰胺	41.7% 悬浮剂
	噻唑膦	10% 颗粒剂、15% 颗粒剂
柑橘黑点病、疮痂病	代森锰锌	68.75% 水分散粒剂、80% 可湿性粉剂
	吡唑·锰锌	60% 水分散粒剂
柑橘介壳虫、木虱	螺虫·噻虫嗪	30% 悬浮剂
	高效氟氯氰菊酯	2.5% 水乳剂
	螺虫乙酯	22.4% 悬浮剂
柑橘溃疡病	春雷·喹啉铜	45% 悬浮剂
	噻唑锌	20% 悬浮剂
	春雷·王铜	47% 可湿性粉剂、30% 悬浮剂
	氢氧化铜	77% 水分散粒剂
杨梅树果蝇	乙基多杀菌素	60 g/L 悬浮剂
杨梅褐斑病	嘧菌酯	250 g/L 悬浮剂、50% 水分散粒剂、30% 悬浮剂
	抑霉唑	20% 水乳剂
杨梅白腐病	吡唑醚菌酯	25% 悬浮剂
	喹啉·戊唑醇	36% 悬浮剂
	啶氧菌酯	22.5% 悬浮剂

续表

应用靶标	产品名称	主要剂型
桃蛀螟、梨小食心虫	茚虫威	15% 悬浮剂
	氯虫苯·溴氰	7% 悬浮剂
桃树蚜虫	氟啶虫酰胺	20% 悬浮剂
	吡虫啉	70% 水分散粒剂
桃树褐腐病	戊菌唑	20% 水乳剂
	异菌脲	50% 可湿性粉剂
桃树细菌性穿孔病	春雷·喹啉铜	45% 悬浮剂
	噻唑锌	20% 悬浮剂、40% 悬浮剂
葡萄灰霉病	嘧霉胺	40% 悬浮剂
	啶酰菌胺	50% 水分散粒剂
	异菌脲	500 g/L 悬浮剂
	氟唑菌酰羟胺·咯菌腈	400 g/L 悬浮剂
	唑醚·氟酰胺	42.4% 悬浮剂
	氟菌·肟菌酯	43% 悬浮剂
葡萄霜霉病	双炔酰菌胺	23.4% 悬浮剂
	代森锰锌	80% 可湿性粉剂
	烯酰吗啉	25% 悬浮剂、40% 悬浮剂
	霜脲·锰锌	44% 水分散粒剂
	甲霜·锰锌	68% 水分散粒剂、58% 可湿性粉剂
	精甲霜·锰锌	68% 水分散粒剂
葡萄白腐病、炭疽病	苯醚甲环唑	10% 水分散粒剂
	硅唑·咪鲜胺	25% 水乳剂、30% 水乳剂
	氟菌·肟菌酯	43% 悬浮剂
葡萄白粉病	氟酰羟·苯甲唑	200 g/L
	唑醚·氟酰胺	42.4% 悬浮剂

附录 2　杨梅禁用农药名录

六六六，滴滴涕，毒杀芬，二溴氯丙烷，杀虫脒，二溴乙烷，除草醚，艾氏剂，狄氏剂，汞制剂，砷、铅类，敌枯双，氟乙酰胺，甘氟，毒鼠强，氟乙酸钠，毒鼠硅，甲胺磷，甲基对硫磷，对硫磷，久效磷，磷胺、甲拌磷，甲基异柳磷，特丁硫磷，甲基硫环磷，治螟磷，内吸磷，克百威，涕灭威，灭线磷，硫环磷，蝇毒磷，地虫硫磷，氯唑磷，苯线磷，氯丹，灭蚁灵等，以及国家规定禁止使用的其他农药。

参考文献

黄德灵，吴仁山，章崚，2009. 果树栽培学各论（南方本）. 北京：中国农业出版社 .

梁森苗，黄建珍，戚行江，2006. 杨梅病虫原色图谱 . 杭州：浙江科学技术出版社 .

戚行江，梁森苗，王强，等，2014. 杨梅病虫害及安全生产技术 . 北京：中国农业科学技术出版社 .

戚行江，杨桂玲，2014. 杨梅全程标准化操作手册 . 杭州：浙江科学技术出版社 .

水茂兴，陈锦宇，王剑，等，2017. 绍兴市农函大培训教材（干鲜果）. 江西：江西科学技术出版社 .

DB33/T 2303—2020 浙江省地方标准 杨梅生产技术规程 .

T/ZNZ 130—2022 浙江省农产品质量安全学会团体标准 杨梅设施栽培技术规范 .

T/ZLX 073—2023 浙江省绿色农产品协会团体标准 绿色食品 二都杨梅生产技术规程 .